Nisha Tayal
Raghav Gagneja

Carregamento do conjunto fotovoltaico do veículo elétrico utilizando o FOPID

Nisha Tayal
Raghav Gagneja

Carregamento do conjunto fotovoltaico do veículo elétrico utilizando o FOPID

Aplicação do controlador proporcional integral derivativo de ordem fraccionada

ScienciaScripts

Imprint

Cover image: www.ingimage.com

This book is a translation from the original published under ISBN 978-620-8-01048-5.

Publisher:
Sciencia Scripts
is a trademark of
Dodo Books Indian Ocean Ltd. and OmniScriptum S.R.L publishing group

120 High Road, East Finchley, London, N2 9ED, United Kingdom
Str. Armeneasca 28/1, office 1, Chisinau MD-2012, Republic of Moldova, Europe
Printed at: see last page
ISBN: 978-620-8-34317-0

RESUMO

A necessidade de modificar os VEs surgiu como resultado do aumento do aquecimento global e do aumento dos custos dos combustíveis de carbono. Os veículos eléctricos utilizam fontes de energia renováveis como combustível, que são amigas do ambiente e eficientes. No entanto, com a crescente procura de veículos eléctricos nas ruas, a infraestrutura convencional baseada em combustíveis fósseis já não é rentável nem eficaz, o que torna necessária a utilização de estações de carregamento baseadas em RER. Muitos especialistas já investigaram neste domínio e apresentaram algumas soluções para o carregamento de veículos eléctricos com painéis solares fotovoltaicos. Infelizmente, estes sistemas eram ineficientes e apresentavam vários problemas, incluindo grandes oscilações de tensão e potência. Para ultrapassar estas limitações, é sugerido neste livro um modelo melhorado, baseado no controlador FOPID. O principal objetivo da abordagem sugerida é reduzir as flutuações na saída dos painéis solares, de modo a que esta possa ser utilizada eficientemente para carregar as baterias. A luz solar é absorvida e convertida em energia eléctrica pelos painéis solares fotovoltaicos, que é depois mantida e controlada pelo controlador FOPID. O FOPID gera os sinais de controlo com base no erro da tensão e da potência. Os ciclos de trabalho são então processados pelo conversor dc-dc boost que regula a tensão e a potência para a carga. Finalmente, a eficácia da abordagem FOPID sugerida é analisada e observada no software MATLAB. As saídas simuladas obtidas são então comparadas com o método tradicional IC MPPT em termos de tensão, corrente, potência e SOC da bateria. Estes resultados provam que o modelo FOPID sugerido é mais eficaz e eficiente no carregamento das baterias e no controlo da potência máxima dos painéis solares fotovoltaicos.

ÍNDICE DE CONTEÚDO

RESUMO 1
ÍNDICE DE CONTEÚDO 2
CAPÍTULO 1 INTRODUÇÃO 3
1.1 PREFÁCIO 3
1.2 PANORAMA HISTÓRICO 4
1.3 TECNOLOGIA SOLAR FOTOVOLTAICA 4
1.4 SISTEMA SOLAR FOTOVOLTAICO 7
1,5 PONTO DE POTÊNCIA MÁXIMA SOLAR 8
1,6 MPPT (SEGUIMENTO DO PONTO DE POTÊNCIA MÁXIMA) 9
1.7 TÉCNICAS DE MPPT 10
1.8 ALGORITMOS DE SEGUIMENTO DO PONTO DE MÁXIMA POTÊNCIA 13
CAPÍTULO 2 REVISÃO DA LITERATURA 16
2.1 INTRODUÇÃO 16
2.2 LEVANTAMENTO DA LITERATURA 16
2.3INFERÊNCIAS RETIRADAS DA REVISÃO DA LITERATURA 28
2.4ÂMBITO DO TRABALHO 28
2.5 DEFINIÇÃO DO PROBLEMA 28
CAPÍTULO 3 CONTROLADOR FOPID 30
3.1 TRABALHO PROPOSTO 30
3.2 CONTROLADOR FOPID 30
CAPÍTULO 4 EXECUÇÃO DAS OBRAS 32
4.1 IMPLEMENTAÇÃO DO MODELO 32
4.2METHODOLOGIA 34
CAPÍTULO 5 RESULTADOS, DISCUSSÕES E ANÁLISE 36
5.1 DEBATES 36
5.2 AVALIAÇÃO DO DESEMPENHO 36
CAPÍTULO 6 45
CONCLUSÃO E ÂMBITO FUTURO 45
6.1 CONCLUSÃO 45
6.2 ÂMBITO FUTURO 45
REFERÊNCIAS 46

CAPÍTULO 1
INTRODUÇÃO

1.1 PREFÁCIO

Os sistemas fotovoltaicos são a forma mais conhecida de converter a energia solar em eletricidade. Os painéis fotovoltaicos são dispositivos semicondutores; partilham muitas operações e técnicas com outros sistemas semicondutores, como os computadores e os dispositivos de armazenamento. Os dispositivos semicondutores têm especificações de garantia e fiabilidade de altíssima qualidade. Devido à redução dos custos de fabrico, o fabrico de módulos fotovoltaicos aumentou significativamente, e toda a indústria está agora concentrada sobretudo no Extremo Oriente. Atualmente, várias grandes empresas utilizam o silício cristalino como semicondutor nos seus painéis fotovoltaicos.

As estatísticas fotovoltaicas em todo o mundo revelaram um progresso fantástico, com a Índia a situar-se entre os cinco principais países com sistemas fotovoltaicos. Com uma capacidade de 245 GW, a Índia ocupa o quinto lugar no mundo em termos de produção de eletricidade a partir da energia solar. A Índia tem atualmente uma capacidade instalada de energia renovável de 31,70 gigawatts, contra 245 GW em 2014. No final de março de 2015, a capacidade operacional da rede era de 3 744 megawatts, com um total de 100 000 megawatts proposto para 2017 e mais 10 000 megawatts previstos para 2022. (Agência Internacional da Energia). Além disso, a recolha de cerca de 5000 biliões de kWh de energia solar minimizará a dependência da Índia de fontes de energia não convencionais dispendiosas, maximizando a energia fotovoltaica durante cerca de 300 dias claros e ensolarados. Na Índia, a incidência média diária de energia solar situa-se entre 4 e 7 quilowatts-hora/m2 e há cerca de 1500-2000 horas de luz solar por ano para toda a procura de energia.

Os painéis fotovoltaicos são equipamentos eléctricos muito fiáveis, duradouros e pouco ruidosos. O combustível das células fotovoltaicas é gratuito. A luz solar é a única fonte de energia que os sistemas fotovoltaicos podem utilizar, e a sua potência é quase infinita. As células fotovoltaicas têm normalmente uma eficiência de 15 por cento, permitindo que 1/6 da energia solar seja transformada em eletricidade. Os sistemas fotovoltaicos não produzem ruído, não têm componentes mecânicos e não emitem poluentes para o ambiente. Quando a energia produzida por métodos de combustíveis fósseis é comparada com a energia utilizada na produção de painéis fotovoltaicos, as soluções de combustíveis fósseis libertam dezenas de vezes menos dióxido de carbono por dispositivo. A atividade fotovoltaica tem crescido a uma taxa anual de 40 % nos últimos anos, resultando em milhares de novos postos de trabalho na região.

1.2 PANORAMA HISTÓRICO

O efeito fotovoltaico foi inventado no século XIX. Em 1839, um jovem físico francês, Alexandre Edmond Becquerel, descobriu um fenómeno ou processo físico que permite a conversão da luz em eletricidade. O fenómeno fotovoltaico impulsiona o funcionamento dos painéis solares. Nos anos seguintes, muitos investigadores participaram no desenvolvimento deste fenómeno e desta técnica, incluindo Albert Einstein, Edward Weston e Charles Fritz, que receberam o Prémio Nobel em 1904 pela sua investigação sobre o "impacto foto-eletrónico".

No entanto, devido ao rápido crescimento dos custos de fabrico, a tecnologia fotovoltaica avançou em paralelo com os dispositivos semicondutores no final da década de 1950 do século XX. A partir da década de 1950, as células solares passaram a ser utilizadas para produzir energia para satélites que rodavam na órbita da Terra e descobriu-se que eram uma tecnologia muito mais eficiente e económica. Após a década de 1960, registaram-se progressos consideráveis no fabrico de células, na eficiência e na fiabilidade das células solares. O preço de produção das células solares diminuiu devido à crise do petróleo. As células solares são uma solução fantástica para o fornecimento de eletricidade em áreas remotas que não estão ligadas à rede. A eletricidade é fornecida a partir da central eléctrica a diferentes sistemas sem fios, tais como dispositivos de telecomunicações, várias formas de sinais, baterias de faróis e outros dispositivos dependentes de eletricidade de baixa potência. As células solares tornaram-se populares na década de 1980. Foram implementadas numa variedade de equipamentos digitais em eletrónica de consumo, incluindo faróis, relógios, rádios, calculadoras e outras aplicações com pilhas pequenas.

Nos anos 70, foram realizadas muitas experiências para produzir painéis fotovoltaicos para utilização em electrodomésticos. Para além da construção de sistemas fotovoltaicos autónomos, foram também desenvolvidos sistemas ligados à rede. Simultaneamente, registou-se um crescimento considerável na utilização de células solares em zonas rurais onde a rede e as instalações de energia são pobres e pouco desenvolvidas. A eletricidade gerada nestas regiões é utilizada para alimentar sistemas de telecomunicações, refrigeração de energia, bombear água e uma variedade de outros equipamentos domésticos e artigos de uso diário.

1.3 TECNOLOGIA SOLAR FOTOVOLTAICA

A energia fotovoltaica é produzida através de painéis fotovoltaicos que contêm um conjunto de células solares. Os painéis solares são dispositivos semicondutores que convertem a energia solar diretamente em eletricidade. Por outras palavras, quando uma célula se aproxima do sol, consome alguma da energia armazenada no semicondutor. A energia absorvida solta os electrões, permitindo-lhes mover-se mais suavemente sob a força de um campo elétrico. O sistema fotovoltaico mais popular utiliza células solares feitas de materiais semicondutores, como o germânio ou o silicone, que foram injectados com pequenas quantidades de impurezas, principalmente metálicas ou metais. Os campos eléctricos são incorporados nas células fotovoltaicas, fazendo com que os electrões livres se desloquem numa direção específica. As ligações metálicas na parte inferior e superior das células fotovoltaicas permitem que a célula transfira corrente para o circuito externo. A potência (ou potência) que uma célula fotovoltaica pode produzir, bem como a tensão da célula (devido aos seus campos eléctricos incorporados), são calculadas por esta corrente. As células fotovoltaicas existem numa variedade de formas e tamanhos. As células solares fotovoltaicas monocristalinas, policristalinas e amorfas são versões bem conhecidas e comercialmente disponíveis. A sua eficiência do sistema é calculada da seguinte forma: (PV Magazine 2011):

1. Células amorfas - 6% a 13%
2. Monocristalino - 13% a 25%
3. Policristalino - 10% a 20%

1.3.1 CÉLULA FOTOVOLTAICA

Com a ajuda do efeito fotovoltaico, é um dispositivo semicondutor que converte a luz solar em eletricidade. Se a energia de um fotão for superior ao intervalo de banda, é libertado um eletrão, que se desloca, provocando um fluxo de corrente no interior da unidade. No entanto, o funcionamento de uma célula fotovoltaica é diferente do de um fotodíodo. Porque a luz solar é inserida no canal n de um semicondutor e convertida em tensão e corrente num fotodíodo, mas a polarização da corrente num sistema solar é sempre do tipo forward.

1.3.2 MÓDULO FOTOVOLTAICO

As células fotovoltaicas são dispostas em série e em paralelo para sincronizar as necessidades energéticas. Os módulos fotovoltaicos estão disponíveis numa variedade de tamanhos, que vão de 60 a 170 watts. Por exemplo, para operar uma central de dessalinização de água, são necessários alguns milhares de watts de potência.

1.3.3 MODELAÇÃO FOTOVOLTAICA

Conjunto de módulos fotovoltaicos constituído por células solares ligadas em paralelo e em série. A série é responsável pelo aumento da tensão do circuito. A corrente da matriz foi aumentada devido à ligação em paralelo. Para a arquitetura do modelo fotovoltaico, pode ser utilizada uma fonte de corrente. Este circuito pode ser utilizado com um díodo invertido em paralelo. Neste circuito estão presentes resistências internas em série e em paralelo. A barreira ao movimento de electrões da junção n para a junção p causa resistência em série, enquanto a corrente de fuga causa obstrução paralela. A fonte de corrente "I", o díodo e a resistência em série são utilizados em conjunto. A resistência de derivação paralela é extremamente elevada, mas tem um efeito tão pequeno que pode ser negligenciada. A produção de corrente PV é a seguinte:

$$I = I_{SC} - I_d \quad (1)$$

$$I_d = I_O\left(e^{qVd/kT} - 1\right) \quad (2)$$

Aqui

T = temperatura na junção em Kelvin (K).

k = constante de Boltzmann (1,38 * 10^{-19} J/K)

Vd = tensão no interior do díodo

q = carga do eletrão

Io = a corrente de saturação inversa do díodo.

Das equações (1) e (2)

$$I = I_{SC} - I_O \left(e^{qVd/kT} - 1\right) \quad (3)$$

Com a ajuda de aproximações adequadas

$$I == I_{SC} - I_O\left(e^{q((V+IRs)/nkT)} - 1\right) \quad (4)$$

Aqui

n = fator ideal no díodo

T = a temperatura em Kelvin

V = tensão da célula

I = corrente na célula fotovoltaica

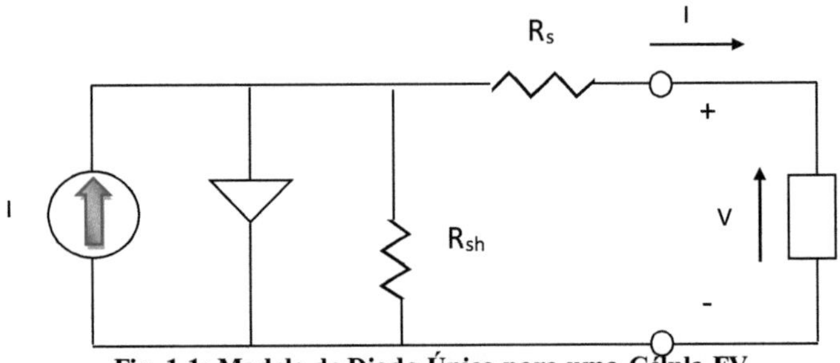

Fig. 1.1: Modelo de Diodo Único para uma Célula FV

1.3.4 CONVERSOR BOOST

Como referido no início, a monitorização do MPP é um problema para equilibrar a carga. É necessário um conversor CC-CC para alterar a resistência ao nível da entrada, de modo a igualar a impedância. Foi determinado que o desempenho de um conversor CC-CC é maior quando se converte um buck, pelo que se trata de um conversor buck-boost e o mais baixo de um carregador boost. No entanto, quando o sistema é ligado à rede ou para alimentar um sistema de bombagem de água que requer 230 Volts no lado da saída, este falha. Para esta tarefa, é instalado um conversor boost.

1.4 SISTEMA SOLAR FOTOVOLTAICO

Devido à sua portabilidade, os sistemas fotovoltaicos são implementados como sistemas independentes em regiões remotas, quando não há fios eléctricos disponíveis. Os sistemas fotovoltaicos autónomos convencionais contêm painéis solares fotovoltaicos e a ligação da bateria. Como a eletricidade solar não está acessível 24 horas por dia, é necessária uma bateria para fornecer energia. A principal desvantagem de um sistema fotovoltaico autónomo é que a bateria é um componente caro e pesado que deve ser cuidadosamente medido para que o sistema fotovoltaico funcione com a máxima eficiência.

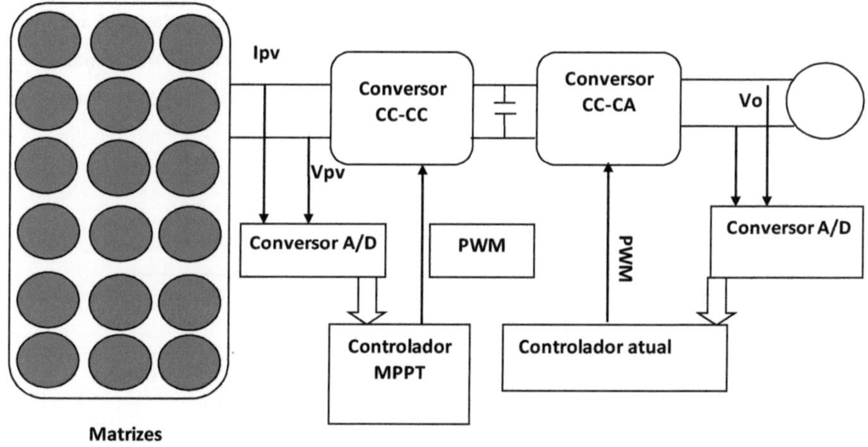

Fig. 1.1: Representação do diagrama de blocos do sistema fotovoltaico

Se a energia fotovoltaica for fornecida diretamente ao sistema de rede AC existente, o efeito fotovoltaico pode ser utilizado. A energia fotovoltaica que é excessiva para as necessidades existentes pode ser absorvida pela rede, tornando a energia fotovoltaica acessível a outros consumidores e reduzindo a quantidade de energia necessária através de fontes convencionais (por exemplo, carvão). A rede eléctrica pode oferecer uma capacidade de reserva tradicional se o desempenho do sistema fotovoltaico for fraco no escuro ou em dias nublados. A remoção do módulo de bateria não só reduz o preço e o tamanho global do sistema, como também melhora o seu funcionamento. As células fotovoltaicas, os conversores CC-CA, as ligações CC, os conversores A/D e CC-CC fazem parte do sistema solar fotovoltaico, como se mostra na Figura 1.2. O ciclo de funcionamento do conversor de potência CC-CC foi concebido para supervisionar o ponto de potência máxima da fonte fotovoltaica em simultâneo. É necessário um conversor DC-DC boost para regular a tensão de saída do sistema fotovoltaico. Tem uma tensão de entrada variável, que é a saída do módulo fotovoltaico, e uma tensão de saída fixa, que é ligada às cargas através de condensadores de saída. O regulador de seguimento do ponto de potência máxima ajusta-se até que o sistema fotovoltaico não forneça a potência de saída total e a resistência equivalente CC do conversor CC-CC seja zero. Um controlador ADC converte os sinais analógicos obtidos do sistema fotovoltaico num sinal digital que é utilizado pelo regulador de seguimento do ponto de potência máxima. Um inversor CC-CA aceita o condensador de ligação CC. A ligação CC inclui um impulso de potência que liga o condensador para manter esta potência pulsante para minimizar a ondulação da tensão de ligação CC. O estágio do inversor é responsável pela transmissão CC-CA e pela gestão da corrente de saída.

1,5 PONTO DE POTÊNCIA MÁXIMA SOLAR

Uma célula fotovoltaica individual pode produzir uma potência na ordem dos 0,75 a 1,5 watts. Para aumentar a potência, todos os módulos solares são ligados em série ou em paralelo. Os sistemas fotovoltaicos são utilizados para criar uma matriz de células. As células fotovoltaicas são utilizadas como entrada do efeito fotovoltaico.

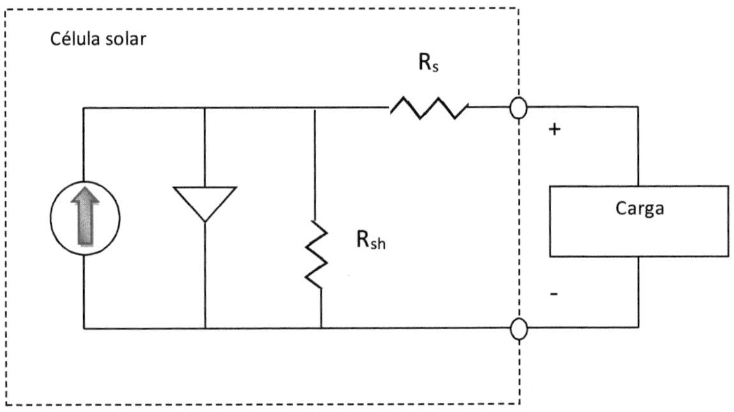

Fig. 1.2: Modelo Equivalente DC da Célula Solar

Ao reduzir o intervalo de energia, os fotões consomem energia do módulo e entram na banda de condução, aumentando os pares eletrão-buraco e fornecendo energia eléctrica. A Figura 1.3 mostra como criar um equivalente dc para uma matriz fotovoltaica utilizando uma fonte de corrente como resistência em série e em derivação.

O cálculo da saída dos sistemas fotovoltaicos é efectuado utilizando a tensão e a potência actuais. As caraterísticas I-V e P-V dos módulos fotovoltaicos são não lineares. Estas caraterísticas variam com o aumento da temperatura. O MPPT tem o nome do tipo de ponto da matriz que produz a energia mais elevada. Este ponto está presente nos parâmetros de teste tradicionais para obter a energia óptima das células fotovoltaicas a 25 graus Celsius e 1000 W/m2. Este ponto é utilizado para manter o ponto de potência máxima normal enquanto se obtém o melhor desempenho de conversão para painéis fotovoltaicos (TarakSalmi, et al. [55]).

1,6 MPPT (SEGUIMENTO DO PONTO DE POTÊNCIA MÁXIMA)

O seguidor de ponto de máxima potência é um conversor eletrónico CC-CC que melhora a ligação entre o painel fotovoltaico e o banco de baterias ou a rede eléctrica. Por outras palavras, os painéis solares (e algumas turbinas eólicas) convertem uma saída de corrente contínua de tensão mais elevada na tensão mais baixa necessária para carregar as baterias.

MPPT significa maximum power point tracking (seguimento do ponto de máxima potência), que é frequentemente efectuado digitalmente. O controlador de carga faz corresponder a saída do módulo fotovoltaico à tensão da bateria. É a potência mais adequada que o painel pode fornecer para carregar uma bateria. Mude para a definição de potência máxima para obter o máximo de AMPS para a bateria. Atualmente, as taxas de conversão MPPT são de 93-97 por cento. No verão, aumentam 10-15% e, no inverno, aumentam 20-40%. A diferença pode ser aumentada de várias formas, em função da temperatura e da bateria. À medida que o preço da energia fotovoltaica diminui e o preço da eletricidade aumenta, os sistemas ligados à rede tornam-se cada vez mais atractivos. Alguns inversores ligados à rede são oferecidos por algumas marcas. O seguimento do ponto de potência máxima está integrado em cada um deles. A troca MPPT tem uma boa taxa de organização de 94% a 97%.

1.6.1 FUNCIONAMENTO DO MPPT

Ocorre o ponto de potência máxima ou otimização. Suponha que a bateria está fraca em 12 V e que é comutada para trás, resultando numa corrente de 10,8 amperes a 12 V. Atualmente, tem cerca de 130 W e todos estão satisfeitos.

Na realidade, isto é simples em termos específicos; o desempenho do controlador de carga de seguimento do ponto de potência máxima pode mudar ao longo do tempo para receber os elevados amperes desejados pela bateria.

O MPPT necessita das seguintes condições:

- **Clima frio -** O desempenho dos painéis solares é melhorado em temperaturas frias, com a exceção de que o rastreio do ponto de máxima potência é responsável pela maior parte deste facto. O tempo frio é mais provável no inverno, quando o sol está mais próximo do solo e a maior parte da energia é utilizada para recarregar as baterias.
- **Carga baixa da bateria -** O ponto de potência máxima é inserido na bateria SoC baixa quando é necessária nova energia. Ambas as condições estão em forma ao mesmo tempo.
- **Cabos longos - No entanto,** quando o consumidor está a utilizar uma bateria de 12 V e o painel do consumidor está a 30 metros de distância, a potência diminui e a perda de

energia será significativa, a menos que seja utilizado um cabo muito longo, que não é barato.

1.7 MPPT T ECHNIQUES

As células fotovoltaicas convertem diretamente a energia solar em eletricidade. O sistema fotovoltaico de ponto de potência máxima funciona num ponto específico da curva I-V ou P-V para que uma célula tenha um desempenho ótimo e produza uma potência óptima. Consequentemente, para que o conjunto fotovoltaico forneça o ponto de potência máxima, o módulo de seguimento do ponto de potência máxima deve ser incluído na configuração do sistema fotovoltaico. O segmento seguinte apresenta uma análise dos diferentes sistemas.

1.7.1 TÉCNICAS CONVENCIONAIS

O método P&O (Femia et al. [19]) é um dos métodos mais eficazes e simples de controlo do ponto de máxima potência. Esta técnica permite que o controlador perturbe a tensão de saída do conjunto FV enquanto monitoriza o impacto na potência de saída do conjunto FV. Existem muitas variantes do algoritmo Perturbar e Observar na literatura. Os investigadores sugerem um método de análise de Perturbação e Observação em três pontos (Ying-Tung & China-Hong et al. [66]). O declive da perturbação foi calculado com base na relação entre a potência real de funcionamento e as duas anteriores. A investigação de (Al-Amoudi, A & Zhang et al. [9]) sugeriu um sistema de Perturbação e Observação para um inversor trifásico ligado à rede. A perturbação foi inicialmente fixada em 10% do COV. Esta abordagem tem o melhor desempenho; no entanto, não é eficiente devido a medidas de perturbação pré-determinadas. Embora a solução seja mais eficaz, não é totalmente adaptável devido às etapas de perturbação pré-determinadas. Para um inversor de estágio único, (Fortunato et al. [20]) utiliza a técnica de otimização multi-objetivo para desenvolver um método baseado em Perturbação e Observador. (Weidong Xiao e W.G Dunford et al. [63]) perturba o ciclo de serviço do conversor FV e monitoriza o seu impacto no conjunto de saída de energia FV, decidindo depois extrair o máximo de energia na nova rota do ciclo de funcionamento, idêntico ao método Perturbar e Observar. Embora ambas as técnicas utilizem um conceito semelhante para encontrar o ponto de funcionamento ótimo, utilizam abordagens diferentes para atingir o mesmo modelo; a primeira utiliza a tensão de saída do conjunto fotovoltaico, enquanto a segunda utiliza o ciclo de funcionamento do conversor de potência para aumentar a potência máxima através de 15. Este esquema tem uma série de vantagens que são mencionadas de seguida:

Torna simples a estrutura de seguimento do sistema.

Reduz o tempo de computação.

Não é necessário afinar no caso de ganhos de PI

Em suma, elimina o sofisticado controlo de seguimento do ponto de potência máxima para uma arquitetura mais normalizada, mantendo uma eficiência máxima equivalente. O MPPT também inclui um painel fotovoltaico, um conversor dc-dc, um controlador de seguimento do ponto de potência máxima e uma carga de saída adequada. A Figura 1.4 mostra o diagrama de blocos do dispositivo MPPT.

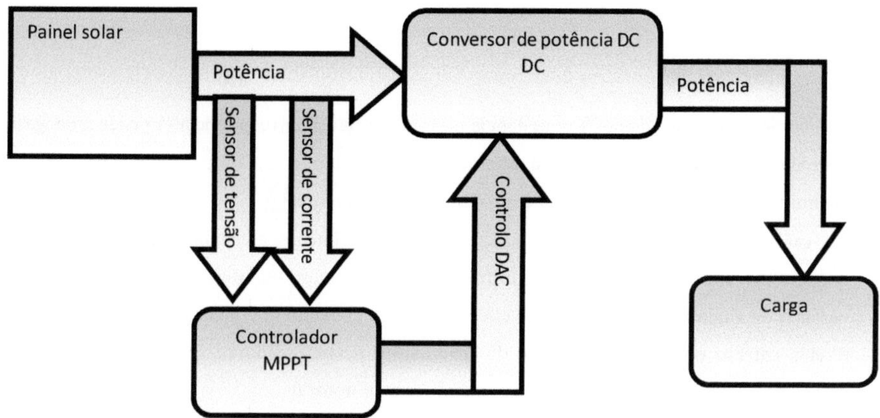

Fig. 1.3: Diagrama de blocos do MPPT

Sob várias condições meteorológicas, a plataforma é construída para cooperar com a frequência, tensão, controlo de harmónicas e potência com um tempo de resposta rápido, erro minimizado e ganho melhorado. A potência obtida a partir da saída do sistema fotovoltaico é medida pelos componentes do circuito que produzem a tensão e a corrente necessárias. No sistema de seguimento do ponto de máxima potência, os painéis solares funcionam como um simulador, recebendo luz solar e produzindo eletricidade. As condições meteorológicas dinâmicas provocam alterações nos resultados do painel, que dependem de vários factores. As interfaces painel-carga, o tamanho do painel e o desempenho preferido ou os dispositivos de monitorização do ponto de regulação são todos factores a considerar. A potência de saída do painel é determinada pelas oscilações de temperatura e pelas variáveis de irradiância que mudam durante o dia. Para descrever um termo para estimar a potência de saída obtida de uma unidade fotovoltaica, a impedância dinâmica de uma fonte é calculada pela impedância estática. O delta é utilizado para ilustrar a ligeira alteração na tensão (ΔV), na corrente (ΔI) e na potência (ΔP) devido a alterações na irradiância e na temperatura.

$$P + \Delta P = (I + \Delta I).\ (V + \Delta V) \quad (5)$$

Ao expandir a equação (5) obtemos,

$$P + \Delta P = I.V + \Delta V.I + \Delta I.V + \Delta I.\Delta V \quad (6)$$

A equação é simplificada excluindo a constante ΔP e o produto I. V, bem como os pequenos valores insignificantes do produto ΔI. ΔV, a representação da impedância variável minimiza a fórmula (7).

$$\Delta P = \Delta V.I + \Delta I.V \quad (7)$$

ΔP deve ter sido zero no ponto mais alto. Assim, no ponto mais alto do limite, a expressão acima torna-se (8)

$$\frac{dV}{dI} = -\frac{V}{I} \quad (8)$$

De acordo com este cálculo, a impedância da fonte variável corresponde à impedância negativa definida. O estado oscilante ou a alteração da impedância dinâmica podem, de facto, ser melhorados utilizando o conversor e o controlador adequados.

As caraterísticas da potência de saída são principalmente afectadas pelas diferenças de temperatura em torno da carga. As topologias do conversor são utilizadas para transformar a variável de saída dos painéis solares em tensão estática como uma interface porque as ligações diretas entre o painel e a carga são dispendiosas e desperdiçadoras. Os conversores são um dispositivo elétrico que converte uma forma de tensão noutra.

Os conversores CC e CA dividem-se em duas categorias. Os conversores CA alteram a magnitude de um sinal de entrada CA sinusoidal na saída, enquanto os conversores CC alteram a magnitude de uma fonte de tensão CC na saída. Os conversores CC têm a caraterística diferente de serem difíceis de mover para baixo ou para cima como uma tensão de saída CA. Ao contrário da corrente alternada, que tem um fornecimento limitado de energia, a corrente contínua desenvolve um mercado sólido com preços mais baixos e melhores resultados. Além disso, os componentes CC do conversor utilizados durante a construção são muitas vezes importantes na avaliação da distorção harmónica ou dos transientes indesejados na saída. Por conseguinte, os conversores CC são preferidos aos conversores CA. Os conversores CC-CC existem numa grande variedade de formas e tamanhos. Alguns deles são enumerados a seguir:

- Em primeiro lugar, é o conversor Buck: Diminui a tensão
- O segundo tipo de conversor Boost: Aumento de tensão
- Segue-se o conversor combinado Buck-Boost: Aumento e redução da tensão
- Além disso, vem o conversor Cuk: Step up-down com polaridade inversa
- No final, vem o SEPIC: passo para cima e para baixo ou saída igual à entrada

De todos os conversores, o conversor buck é o mais fácil de utilizar para baixar a tensão de saída. A tensão é reduzida através da utilização de uma mistura de dispositivos semicondutores passivos para manter a estabilidade da tensão. A corrente de saída do painel fotovoltaico é transformada em tensão e depois controlada através de um sinal de feedback para manter o ponto de potência máxima do impulso de controlo.

1.8 ALGORITMOS DE SEGUIMENTO DO PONTO DE MÁXIMA POTÊNCIA

Um painel solar normal converte apenas 30 a 40% da energia solar incidente em eletricidade. O esquema MPPT estava a ser utilizado para melhorar o desempenho do painel solar.

De acordo com o Teorema da Transferência Óptima de Potência, a potência de saída de um sistema é maximizada sempre que a impedância do dispositivo coincide com a impedância da carga. Como resultado, o problema MPPT é reduzido a um problema de impedância correspondente.

Para aumentar a tensão de saída, um conversor de impulso é ligado a um painel solar na fase de entrada que pode, de facto, ser utilizado para diferentes aplicações, como cargas de motores. A impedância da fonte adequada também pode ser ajustada à impedância da carga através da alteração do período de serviço do conversor de impulso.

1.8.1 DIFERENTES TÉCNICAS DE MPPT

Através de esquemas distintos, o MPPT é controlado. Entre as técnicas mais conhecidas estão:

- O esquema de seguimento do ponto de potência máxima baseado em P&O é um dos métodos.
- Seguimento do ponto de potência máxima baseado na condutância incremental.
- Tensão fraccionada de circuito aberto
- Esquema de seguimento do ponto de máxima potência com corrente de curto-circuito fraccionada.
- Esquema de seguimento do ponto de máxima potência baseado em RNA.

O processo de seleção de cada algoritmo de seguimento do ponto de máxima potência baseia-se na sua complexidade temporal, no custo de implementação e na simplicidade de utilização.

1.8.1.1 PERTURBAR E OBSERVAR (P&O)

A unidade que provoca a variação de potência do sistema de energia solar é sujeita a uma ligeira perturbação. Quando a potência é maximizada ($dP / dt>0$) como resultado da perturbação, a perturbação continua nessa direção. A energia reduzir-se-á ($dP / dt<0$) no momento seguinte e a perturbação inverter-se-á quando o valor máximo for atingido. O processo oscila entre os pontos, a menos que estes se encontrem num estado contínuo. Para manter a diferença de potência mínima, a perturbação é minimizada. O controlador PI define então o ponto de funcionamento do módulo para um nível específico de tensão. Em condições climatéricas de evolução rápida, a potência não é monitorizada devido a perturbações. Ainda assim, é amplamente utilizado e possui um algoritmo eficiente.

1.8.1.2 Condutância incremental

Conduzindo esta estratégia ao ponto de potência máxima, a inclinação da curva de potência do conjunto fotovoltaico é 0 (dP / dV = 0), negativa (dP / dV 0), à direita e positiva à esquerda (dP / dV> 0), respetivamente.

Um método de condutância incremental pode facilmente rastrear a tensão e os valores de corrente, enquanto que a ferramenta toda a tomada de decisões durante o processamento de sinais e microcontroladores.

1.8.1.3 Tensão fraccionada de circuito aberto

Com irradiância e níveis de temperatura muito variáveis, a relação linear entre o COV do conjunto fotovoltaico e o VMPP levou ao crescimento do método do COV fraccionado. VMPP = k1 Voc, onde k1 será o coeficiente de absorção. O VMPP e o VOC para um conjunto fotovoltaico específico em diferentes níveis de temperatura e irradiância devem normalmente ser pré-determinados, uma vez que k1 depende das caraterísticas do conjunto fotovoltaico. Verificou-se que o fator k1 se situa entre 0,71 e 0,78. Uma vez calculado o k1, o VMPP pode de facto ser medido regularmente, desligando literalmente o conversor de potência. O COV é medido regularmente. Além disso, isto causa alguns desconfortos, tais como uma breve perda de controlo (Youngseok Jung et al [67]).

1.8.1.4 Corrente de curto-circuito fraccionada

Em diferentes condições meteorológicas, os impactos fraccionais do ISC do IMPP são aproximadamente lineares em relação ao ISC nos painéis fotovoltaicos. IMPP = k2Isc (4.5), sendo k2 a constante de proporcionalidade. Com estratégias de COV fraccionadas, K2 deve ser medido com base nas aplicações do conjunto fotovoltaico. O k2 estático varia entre 0,78 e 0,92, em particular. A avaliação operacional do ISC é um desafio. O conversor de corrente tem normalmente um interrutor externo ligado a ele porque o ISC seria medido periodicamente utilizando o sensor (Youngseok Jung et al. [67]).

1.8.1.5 Controlo lógico difuso

Os microcontroladores, que utilizam controlo lógico difuso, tornaram o MPPT popular nos últimos anos. A capacidade de funcionar com entradas imprecisas, a não necessidade de um sistema estatístico extenso e a gestão da não linearidade são vantagens dos controladores difusos. A consistência das regras difusas e o papel dos critérios são vantajosos no desenvolvimento e gestão de sistemas. A lógica difusa parece ser uma solução viável para questões que envolvem uma vasta gama de métodos de controlo e de processamento de dados. Para (A.I Selvakumar e Mathew et al. [3]), duas entradas de erro e uma correção de erro constituem os quadros difusos que descrevem a rede cognitiva da lógica difusa. Foi descoberto um novo método de simulação de pontos de máxima potência utilizando FCN e um controlador difuso. Em comparação com a teoria, o erro reduziu a potência de saída em 0,78 %. C.S. Chiu criou os sistemas fuzzy T-S para o controlo do MPP de sistemas de produção de energia solar.

1.8.1.6 Rede neural

As redes neuronais são um excelente método para implementar o seguimento do ponto de máxima potência para microcontroladores. Na maioria das redes neurais, existem três camadas: entrada, saída e oculta. Dependendo do utilizador, cada camada requer diversos nós. Atributos do arranjo fotovoltaico, como VOC e ISC, bem como dados meteorológicos, como irradiância e temperatura, podem ser usados como variáveis de entrada. Um ou mais sinais de referência, como um sinal de ciclo de funcionamento, são frequentemente emitidos, os quais são utilizados para acionar o conversor de potência no ponto de potência máxima ou próximo deste.

CAPÍTULO 2
REVISÃO DA LITERATURA

2.1 INTRODUÇÃO

Para compreender e encontrar as tendências actuais em qualquer tecnologia, o estudo da literatura desempenha um papel importante. Gera e avalia as questões relacionadas com esse domínio específico e motiva a obtenção de uma área de melhoria no domínio. Neste capítulo, é realizada uma pesquisa bibliográfica para compreender as tendências e técnicas actuais. Para o efeito, são considerados artigos reputados de diferentes revistas, como IEEE, Springer, etc.

2.2 LEVANTAMENTO DA LITERATURA

Ebrahim, Mohamed et al. [15], uma vez que as técnicas de otimização meta-heurísticas se tornaram extremamente populares nos últimos anos devido às suas caraterísticas de fiabilidade local e de prevenção de otimização. O Algoritmo de Otimização da Baleia (WOA), uma técnica baseada em enxames, foi utilizado neste trabalho para otimizar os controlos MPPT de sistemas fotovoltaicos ligados à rede. Os resultados da abordagem de controlo do ponto de potência máxima para a condutância incremental (CI) baseada em PI foram comparados com os da condutância incremental convencional, bem como com os métodos MPPT para P&O. Foram aplicadas várias técnicas de controlo PI. O WOA foi aplicado para analisar os parâmetros I, PI e PI de ordem fraccionada (FOPI). Os índices de saída foram utilizados para determinar os parâmetros adequados para o controlador PI. O objetivo deste trabalho foi mostrar que a utilização de controladores de seguimento do ponto de potência máxima baseados em PI melhora o funcionamento de um sistema fotovoltaico de 400killoWatt ligado à rede. Os resultados das simulações mostraram que os controladores MPPT baseados em PI têm a capacidade de aumentar o desempenho do sistema fotovoltaico. Descobriu-se que os controladores FOPI superam os outros métodos em termos de aumento do desempenho do sistema. O mecanismo sugerido foi simulado utilizando o MATLAB SIMULINK.

A. Shazly et al. [51] afirmaram que a necessidade de energia está a aumentar e as FER estão a tornar-se mais benéficas para a manutenção da infraestrutura de eletricidade e para o fornecimento de cargas individuais. A luz solar, o ar e a energia dos oceanos são exemplos de FERs. O sistema fotovoltaico é livre de poluição e grandes quantidades de energia solar atingem a superfície da Terra. O objetivo deste estudo era aumentar a quantidade de energia produzida a partir de um conjunto fotovoltaico. Esta investigação analisou o conceito de tecnologias de seguimento do ponto de máxima potência, que podem aumentar significativamente o desempenho dos sistemas de energia solar. Este estudo conduziu uma avaliação comparativa estimulante de dois métodos padrão, ou seja, P&O e INC, a fim de otimizar o desempenho de conversão de energia do sistema fotovoltaico. Foram também efectuados estudos de simulação e conclusões sobre o painel fotovoltaico, a fim de determinar as suas especificações.

P. Jain, S.N Joshi et al. [42], investigaram as estratégias de MPPT que foram utilizadas no sistema fotovoltaico ligado à rede. O principal objetivo dos investigadores era descobrir métodos para aumentar a eficiência da extração de energia solar. As células fotovoltaicas têm um comportamento não linear e o seu desempenho é afetado por factores como a temperatura solar e a irradiância. Foram utilizadas estratégias de seguimento do ponto de potência máxima para obter a produção máxima da célula fotovoltaica. Os investigadores discutiram os métodos mais utilizados, P&O e INC. As estratégias PWM também foram consideradas, e foi efectuado um estudo comparativo entre três estratégias que utilizaram um inversor ligado à rede de 250 kV.

S. L. Prakash, M. Arutchelvi et al. [46], discutiram as técnicas MPPT utilizadas em sistemas fotovoltaicos ligados à rede neste estudo. A topologia da interface da rede foi utilizada para classificar várias técnicas MPPT. A modelação e o estudo exaustivo da eficiência da técnica INC com controlo d (delta) também foram apresentados. O sistema fotovoltaico de fase única ligado à rede foi utilizado para examinar a eficácia da abordagem INC porque oferece uma série de vantagens. A simulação deste inversor fotovoltaico foi efectuada utilizando o MATLAB/Simulink. Foram considerados vários cenários em diferentes circunstâncias de temperatura e irradiação para a modelação e os índices de avaliação do desempenho. Além disso, o controlo MPPT foi investigado em várias tensões de rede. Os resultados da simulação foram examinados minuciosamente e revelaram que o controlo d do seguidor do ponto de máxima potência do INC funciona para uma vasta gama de valores de variação dos parâmetros da rede, da temperatura e da irradiação.

A.Mehiri, A.K. Hamid et al. [4], investigaram, simularam e analisaram o efeito de sombreamento de diferentes configurações de matrizes fotovoltaicas num sistema fotovoltaico trifásico de 2 fases ligado à rede. O conversor boost foi o primeiro passo, que serviu como um seguidor do ponto de máxima potência e alimentou a energia fotovoltaica extraída. O VSC de 2 níveis funcionou como um inversor fotovoltaico e transmite a eletricidade do conversor boost para a rede no segundo passo. O ponto de máxima potência foi monitorizado utilizando o método INC. As duas topologias utilizadas neste artigo foram Total Cross Tied (TCT) e Série-Paralelo (SP) e funcionaram melhor quando comparadas com outras topologias. De acordo com os resultados, a configuração TCT do sistema fotovoltaico foi mais eficaz sob sombra parcial do que a configuração SP.

M. Sunar, C. Nithya et al. [33] efectuaram um estudo comparativo da lógica difusa e do seguimento do ponto de potência máxima baseado em RNA para seguir o ponto de potência máxima de um conjunto fotovoltaico. A lógica difusa não necessita de um conhecimento exato do modelo e, em vez disso, baseia-se num raciocínio heurístico baseado na experiência para lidar com a não linearidade dos sistemas fotovoltaicos. A rede neural artificial, por outro lado, foi treinada com tensões e correntes de saída fotovoltaicas para determinar o ciclo de trabalho do conversor dc-dc boost e monitorizar o ponto de potência máxima das matrizes fotovoltaicas. Em termos de comportamento dinâmico, desempenho e caraterísticas de eficiência, estes dois métodos sugeridos foram comparados com o algoritmo INC.

S. Shabaan, I. Mohamed et al. [48], afirmaram que os sistemas solares fotovoltaicos são uma fonte de energia segura e auto-recarregável. A energia máxima disponível é indicada pelo ponto específico dos painéis fotovoltaicos, que depende inteiramente das condições atmosféricas, como a temperatura e a irradiância. Por conseguinte, é necessário um sistema de controlo do ponto de máxima potência para obter a máxima eficiência. Os autores do artigo investigaram o localizador do ponto de máxima potência para uma bomba de água solar com base num sistema de interferência neuro-fuzzy adaptativo. A eficiência do esquema com e sem aprovação do seguidor de ponto de potência máxima foi comparada em condições variáveis de irradiação e temperatura. Uma vez que as células fotovoltaicas são não lineares, um controlador adaptativo baseado num sistema de interferência neuro-fuzzy foi responsável por fornecer uma resposta rápida com elevada eficácia em todas as taxas de aquecimento e níveis de irradiação.

A. Arora, P. Gaur et al. [1], discutiram uma comparação das abordagens MPPT baseadas em redes neurais artificiais e ANFIS para monitorizar o MPP de um sistema fotovoltaico. Uma vez que as matrizes fotovoltaicas têm uma natureza não linear devido à sua dependência da irradiação solar e da temperatura, estes algoritmos são importantes. Os sistemas fotovoltaicos podem funcionar no ponto de potência máxima em determinadas condições de carga, a fim de maximizar a energia gerada pelos painéis solares. Os algoritmos tradicionais, como o P&O e o INC, apresentam maiores oscilações quando a irradiância varia, resultando em baixa eficácia; assim, métodos baseados em IA foram desenvolvidos e propostos neste artigo. O sistema de inferência difusa baseado em redes adaptativas foi capaz de detetar o ponto de potência máxima com menos oscilações, pequena ultrapassagem, menor tempo de estabilização e velocidade mais rápida do que o controlador baseado em ANN.

A.Sandali, T. Oukhoya et al. [5], explicaram como melhorar um sistema de rede fotovoltaica utilizando uma técnica MPPT de inclinação óptima P-V. Neste sistema, a caraterística LVRT foi combinada com a injeção de potência reactiva. Para conseguir este melhoramento, não foram introduzidos novos componentes e apenas se utilizou a flexibilidade da técnica MPPT para construir uma regra de controlo que oferece um sistema com um comportamento adequado quando ocorrem afundamentos de tensão. Sob queda de tensão, o sistema de geração foi modelado e foi proposta uma lei de controlo. O modelo foi concebido em MATLAB-Simulink, e os resultados foram apresentados.

Akanksha Shukla et al. [8] afirmam que o MPPT é uma técnica para obter a potência ideal de um sistema fotovoltaico que é utilizado em vários circuitos eléctricos. Devido a vários benefícios, como operações sem combustível, operações ecológicas e manutenção reduzida, os sistemas fotovoltaicos estão a tornar-se cada vez mais populares nas empresas produtoras de energia na situação atual. No entanto, a conversão de energia limitada e os elevados preços de arranque são duas das principais desvantagens da utilização de um sistema fotovoltaico. Para se obter uma maior eficiência energética do painel solar fotovoltaico, o painel solar fotovoltaico deve funcionar na fase em que a energia máxima pode ser gerada. Este artigo aborda a forma como o MPPT P&O foi implementado utilizando conversores boost. A simulação foi efectuada utilizando o software MATLAB.

A.Borni, T.Abdelkrim et al. [6], propuseram um estudo comparativo das abordagens de controlo de dispositivos fotovoltaicos ligados à rede. Para regular o conversor de impulso dc-dc, que liga e obtém a potência máxima das células solares fotovoltaicas e a distribui para o elo de corrente contínua, foram utilizados algoritmos de seguimento do ponto de potência máxima, como o P&O-PI, a lógica difusa-PI configurada com algoritmo genético (GA). Foi utilizado um outro controlador PI para manter a tensão do elo de corrente contínua constante ou próxima do seu ponto de regulação em diferentes condições. Os resultados da simulação foram apresentados, demonstrando a eficácia das abordagens de controlo sugeridas em diferentes condições atmosféricas e operacionais. Concluiu-se que o controlador fuzzy-PI programado pelo Algoritmo Genérico superou o algoritmo P&O-PI.

Iulian Munteanu, A. Iuliana et al. [28], propuseram um sistema fotovoltaico ligado à rede sem fase intermédia do conversor CC-CC utilizando o método MPPT de controlo de procura de extremos. O método utilizou a ondulação da tensão do elo CC como um sinal de oscilação que ocorre "naturalmente" durante o funcionamento do inversor da rede. A análise detalhada revelou uma grande diversidade no comportamento da irradiância do sistema. A investigação revelou orientações para uma arquitetura de controlo adequada e a necessidade de uma técnica de controlo para acompanhar a irradiância em rápida mudança. Foram fornecidos modelos matemáticos utilizando MATLAB/Simulink para ilustrar o comportamento dinâmico do circuito fechado em várias circunstâncias, com a ajuda dos quais foram analisadas as vantagens e desvantagens da técnica sugerida.

HananeYatimi et al. [25], propuseram que o IC e o SMC são dois MPPT sob irradiância solar dinâmica; estas duas metodologias foram utilizadas para o sistema fotovoltaico independente. Todo o sistema foi simulado utilizando a plataforma MATLAB/Simulink. Os resultados da simulação mostraram que a técnica IC era eficiente sob circunstâncias de ar em rápida mudança, mas que tinha baixa precisão para estimar o ponto de potência máxima. Sob variações climáticas, a técnica SMC teve um bom desempenho em termos de eficácia e tolerância às flutuações da irradiação solar, e localizou corretamente o ponto de potência máxima. Como resultado, ficou provado que a estratégia SMC melhora o desempenho do sistema fotovoltaico mais do que o método IC.

N.Aouchiche, et al. [37], afirmaram que a produção de energia é afetada pelas variáveis ambientais do sistema fotovoltaico, tais como o estado da superfície da matriz, a irradiância (G) e a temperatura. Estas variáveis têm um efeito significativo na produção e na absorção fotónica do painel fotovoltaico. A PSC (condição de sombreamento parcial) foi o problema que perturbou o funcionamento correto do sistema fotovoltaico. Em trabalhos anteriores, foram apresentadas diferentes funcionalidades para resolver este problema. O trabalho oferecido forneceu uma visão geral do problema PSC tal como foi apresentado por vários estudos. Este estudo apresentou uma hibridação de duas técnicas, nomeadamente o Global Maximum Power Point Tracking (GMPPT) para uma matriz de quilowatts e o Distributed Maximum Power Point Tracking (DMPPT) para uma central fotovoltaica de megawatts sob PSC. Esta hibridação foi efectuada com o objetivo de resolver as deficiências do PSC e aumentar a eficiência do sistema. Para resolver o problema de sombreamento do PSC, foi apresentada uma nova técnica chamada controlador GMPPT, que utilizou o método MFO (Moth-Flame Optimization). Foram comparados vários métodos MPPT, incluindo a abordagem típica de IC, o método FL baseado em IC, a técnica PSO e a técnica MFO. Os resultados da simulação mostraram que a abordagem sugerida era capaz de encontrar o GMPPT de um sistema fotovoltaico com sucesso.

F. Lamzouri, Boufounas et al. [16], investigaram que um poderoso sistema BSMC (Backstepping sliding mode) retrógrado de dispositivo fotovoltaico (PV) para monitorização do ponto de potência máxima foi apresentado neste artigo. A configuração fotovoltaica sob investigação consiste num módulo fotovoltaico como fonte de energia, um conversor de reforço DC e uma grande carga de resistência. A modificação do tempo de funcionamento do conversor permite que o método projetado opere o dispositivo do painel solar em torno do ponto de potência máxima estimado. Como resultado do princípio de Lyapunov, a estabilidade da estrutura de controlo BSMC pode ser avaliada e a precisão do sistema de controlo concebido foi revelada em comparação com o sistema de controlo SCM convencional (modo de controlo deslizante). Os resultados da simulação para o sistema BSMC sugerido mostram um forte desempenho em termos de reação de transição, defeitos de seguimento e resposta rápida às variações da irradiação solar.

E. K. Anto, Philip et al. [14], analisaram que a dimensão da perturbação crítica da tensão é determinada por vários factores do sistema que são difíceis de estimar num sistema prático. A modelação e a simulação das configurações do conversor fotovoltaico e do conversor CC-CC na configuração MATLAB / SIMULINK, bem como a percentagem máxima de ultrapassagem e o tempo de estabilização associados, foram utilizados para calcular a magnitude da perturbação crítica da tensão para um sistema solar fotovoltaico ligado à rede P&O MPPT em circuito aberto. Os investigadores recolheram dados do sistema solar fotovoltaico ligado à rede de 2 MWp da Volta River Authority (VRA) do Gana para obter parâmetros de oscilação para um sistema de rede típico.

P. Sodhi, Kapoor et al. [43], investigaram que as técnicas de seguimento do ponto de potência máxima P&O devem ser capazes de detetar e afetar mais rapidamente as melhorias na tensão fotovoltaica, a fim de acompanhar o aumento da energia devido às condições ambientais cada vez mais emergentes, e assim seguir eficazmente o ponto de potência máxima. A eficácia de tais soluções de P&O foi limitada numa situação de estação fotovoltaica ligada à rede, com a frequência lógica dinâmica do equipamento eletrónico de potência. Este artigo sugere uma nova técnica de seguimento do ponto de potência máxima, simples de implementar, para aumentar o desempenho, exercendo um melhor controlo sobre a tensão fotovoltaica transitória, mesmo a frequências de transporte mais baixas e em situações de mudança rápida.

Yan Wang, Li Ding et al. [65], estudaram que, devido à natureza sensível às mudanças na intensidade da luz, aos dispositivos de células solares altamente não lineares, às variações de carga e à temperatura da unidade fotovoltaica (PV), a principal função de potência significativa do PV apresenta mudanças consistentes à medida que a terra e a carga mudam. O controlo difuso pode reagir rapidamente às mudanças no mundo exterior, assegurando que o sistema fotovoltaico continua a funcionar a plena capacidade. Como resultado da caraterística do controlo difuso e do auto-aperfeiçoamento, o mecanismo tornou-se cada vez mais genuíno, oscilando perto do ponto de potência mais elevado. A oscilação pode ser eliminada de forma eficiente e adequada pelo correspondente controlo Integral-Derivativo (PID). Foi desenvolvida uma técnica baseada no controlador PID auto-ajustável de parâmetros difusos para obter o controlo do dispositivo FV de seguimento do ponto de potência máxima (MPPT).

Louzazni, Aroudam et al.[35], apresentou um controlo inteligente de raça cruzada centrado em 2 abordagens para o seguimento do ponto de potência máxima (MPPT) utilizando a lógica difusa e os controladores PID tradicionais de um modelo fotovoltaico em circunstâncias de temperatura e luminância variáveis, a fim de melhorar o comportamento do sistema, a competência e a estabilidade de associados de redes fotovoltaicas de três fases simples. A combinação de uma lógica fuzzy inteligente e de um controlador PID bem estabelecido permite um controlo normal não linear para grupos fotovoltaicos cada vez mais realistas. O controlador racional PID-Fuzzy sugerido varia os parâmetros Kp, Ki, e Kd normalmente sob o fator calor e iluminação, ajuste de carga, e utiliza o ciclo de obrigação do conversor DC-DC como um valor limite. Por fim, a técnica atual proporciona uma operação MPPT adequada em qualquer ecrã fotovoltaico sob uma variedade de condições, tais como a variação da radiação solar e a temperatura das células da rede. Os resultados do exercício e a correlação dos resultados obtidos separadamente a partir do controlador PID e do controlador canny sugerido pela lógica PID-Fuzzy mostram as vantagens da estimativa inteligente proposta em termos de correção e potencial de ultrapassagem.

Louzazni, Aroudam et al. [36], recomendaram um controlador inteligente de lógica PID-Fuzzy que modifica as variáveis Kd, Ki e Kp naturalmente quando a luz e a temperatura são variáveis. Por fim, os resultados obtidos separadamente do controlador PID e do controlador canny sugerido da lógica PID-Fuzzy mostram a eficácia da medida sensata sugerida em termos de correção e exequibilidade, subestimação e intensidade, e mantêm a sua reação superior à do controlador PID em vários ângulos.

A.I. Dounis, Stavrinidis et al. [7], forneceram um controlador Fuzzy-PID para MPPT de sistemas fotovoltaicos. Foi estudado um conversor DC/DC buck para controlar a intensidade de saída do sistema solar. O esquema Fuzzy-PID aumenta a execução da produtividade da mudança de vitalidade baseada na luz solar, concentrando-se no ponto de potência máxima. O cálculo de racionalização Big Bang - Big Crunch (BB-BC) foi anexado aos parâmetros do controlador sugerido e revê a execução geral do controlador. O principal objetivo da investigação era encontrar uma solução simples e convincente para o seguimento do ponto de potência máxima. O controlador PID fuzzy melhorado foi comparado com um controlador PID fuzzy criado utilizando o método de experimentação, a fim de realçar o envolvimento do cálculo desligado na execução geral do método. O controlador sintonizado foi também comparado com a abordagem P&O tradicional, que utilizava um PID difuso aumentado por cálculos de otimização por enxame de partículas (PSO).

N. Aouchiche, M. Aitcheik et al. [68], afirmaram que a eficiência energética de um módulo fotovoltaico é influenciada pelas circunstâncias externas do sistema fotovoltaico, como o calor, a refletividade (G) e o estado da superfície do conjunto. Estas variáveis têm um efeito significativo na eficiência e na absorção fotónica das placas fotovoltaicas. A condição de sombreamento parcial (PSC) foi o problema que perturbou a função produtiva dos sistemas fotovoltaicos. Numerosas estratégias foram implementadas em trabalhos anteriores para resolver este problema. Este trabalho discutiu a condição de sombreamento parcial, que tem sido objeto de muitos estudos. Este trabalho apresentou um modelo híbrido de 2 técnicas, nomeadamente DMPPT (Distributed MPPT) para uma central fotovoltaica de 1 MW sob PSC e GMPPT (Global MPPT) para uma matriz de 100 kW. Para resolver o problema de sombreamento do cálculo do Particle Swam Optimization, foi sugerida uma nova solução chamada controlador GMPPT, que utiliza o método Moth-Flame Optimization (MFO). Foram comparados os algoritmos de seguimento do ponto de potência máxima correspondentes: método clássico de CI, abordagem de lógica difusa que se baseia no CI, método de enxame de partículas e método de otimização de chama de boca. Os resultados da simulação mostraram que a abordagem apresentada era capaz de encontrar o MPPT global de um dispositivo fotovoltaico de forma fiável.

H. El Fadil, F.Giri et al. [24], discutiram o tema dos sistemas solares ligados a uma rede monofásica. O sistema inclui um inversor monofásico ligado à rede, um painel fotovoltaico e um conversor de potência. Os objectivos de controlo foram os seguintes (i) estabilidade assintótica do sistema em malha fechada; (ii) fator de potência unitário da rede (FP); (iii) gestão rigorosa da tensão do barramento CC; e (iv) módulo fotovoltaico MPPT. A linearização da realimentação foi utilizada para criar um controlador não linear com base num modelo não linear médio de todo o sistema controlado. O modelo, por outro lado, mostrou a dinâmica não linear do conversor de estímulos e do inversor relacionados, bem como o comportamento não linear dos painéis fotovoltaicos. Utilizando a análise teórica e os resultados da simulação, foi demonstrado explicitamente que o controlador sugerido cumpre os seus objectivos.

Sachin Jain e Vivek Aggarwal et al. [50], criaram uma nova técnica baseada na regulação de corrente de um sistema solar ligado à rede em fase única para MPPT. A principal caraterística da técnica era a possibilidade de antecipar a amplitude aproximada da forma de onda da corrente de referência ou a potência recuperada por uma variável intermédia de um módulo fotovoltaico. Para monitorizar corretamente, foi utilizada uma fase inicial da variável de seguimento para alterar a amplitude da referência. Se a amplitude da corrente de referência fosse superior à potência do conjunto, demonstrou-se que esta era extremamente instável (ou seja, entrava na secção de inclinação positiva p - v das caraterísticas p - v do conjunto). A técnica sugerida protege os sistemas fotovoltaicos de atingirem o campo de inclinação p-v com um valor positivo. Pode também proporcionar estabilidade a um sistema que tenha sido instável em resultado de uma mudança abrupta no clima. O método sugerido, que os autores criaram recentemente para fornecer corrente sinusoidal à rede, estava a ser avaliado utilizando um novo padrão solar relacionado com a rede. Para obter vantagens como a baixa tensão de corrente do dispositivo, boa eficiência e interferência electromagnética mínima, o sistema foi trabalhado em modo de acionamento contínuo. Com um rastreador rápido do ponto de potência máxima e um inversor CCM de fase única, o sistema final revelou-se extremamente eficaz.

Li Shengqing, Jianxiang et al. [31], sugeriram um método melhorado de controlo do ponto de máxima potência para MPPT (monitorização do ponto de máxima potência) e estabilização da compressão DC no inversor de ponto de máxima potência, incorporando o teorema FUZZY PID num sistema tradicional de inversor de seguimento do ponto de máxima potência para a fonte Z, utilizando inferência translúcida e defuzzificação. O fator de escala amplifica então o desempenho para converter a variância relativa do coeficiente de diferença combinada do controlador PID. A eficácia da abordagem foi demonstrada por uma simulação que compara os resultados das estratégias convencionais de gestão do seguimento do ponto de máxima potência.

M Abu Sayem, Nadzirah et al. [69], uma vez que a tensão e a corrente da fonte do sistema fotovoltaico são variáveis, foi efectuado um estudo neste artigo para otimizar o MPPT para o carregamento de veículos fotovoltaicos utilizando um controlador lógico difuso (FLC). Além disso, foi criada uma abordagem de otimização baseada no algoritmo de pesquisa Backtracking (BSA) para obter a máxima potência dos painéis solares, na tentativa de melhorar as restrições do FLC e otimizar a eficiência computacional. A eficácia do controlador optimizado foi demonstrada através da comparação da produção de potência e tensão do MPPT com ou sem afinação. A eficácia do controlador com o referido procedimento de otimização parece ser muito melhor do que o método não optimizado (perto de 10% a 10s para a potência).

S. Mahmud, R. Kini et al. [70], considerando configurações dinâmicas de irradiação solar, este estudo fornece uma técnica de rastreamento do ponto de máxima potência (MPPT) em dois níveis. Uma abordagem de discretização foi utilizada no primeiro nível do processo para se concentrar no sector do ponto de potência máxima global (GMPP) em condições de sombreamento. O controlo de correlação de ondulação (RCC) foi utilizado na fase de controlo secundária para se fixar diretamente no MPP. Apesar das flutuações de temperatura elevada, mas também de irradiância, que normalmente induzem um desenvolvimento abrupto do nível MPP ou do nível GMPP das referidas matrizes fotovoltaicas (PV), o programa incorporado podia seguir o MPP rápida e corretamente.

A. Lakhdara, T. Bahi et al. [71], o objetivo desta pesquisa foi investigar os resultados comportamentais de múltiplas (2) abordagens de otimização. Esta foi criada para obter o MPP agregado de PV parcialmente sombreado. Para múltiplas abordagens de sombreamento parcial que se baseiam em Matlab / Simulink, foram estudados os resultados do seguimento do ponto de potência máxima com base em PSO e P&O.

R. G. Shrivastava, Bodke et al. [72], um conceito de célula de combustível de membrana de permuta de protões (PEMFC) que poderia ser utilizado num veículo elétrico foi testado neste estudo com um controlador de seguimento do ponto de potência ótimo baseado no sistema de inferência neurofuzzy adaptativo (ANFIS). A eficiência do controlador recomendado foi testada no ambiente MATLAB Simulink sob condições operacionais normais e alterações imprevistas na célula de combustível.

A. Fathy, H. Rezk et al. [73], as melhores caraterísticas para a célula de combustível de membrana de permuta de protões (PEM) integrada MPPT baseada em FIPID foram identificadas utilizando uma nova técnica de investigação baseada em provas (FBI), proposta neste estudo. A FBI foi escolhida pela sua grande precisão e baixa capacidade de processamento. O desfasamento entre a tensão na potência máxima (VMP) e a tensão real nos terminais da FC foi o problema de otimização previsto a minimizar.

M. Aly, H. Rezk et al. [74], o principal objetivo deste estudo era desenvolver um algoritmo que funcionasse com base no algoritmo DE, baseado na lógica difusa e denominado sistema MPPT optimizado baseado na lógica difusa. O processo principal por detrás do algoritmo foi concebido para trocar a extração máxima de energia dos FCs. O método proposto foi avaliado e comparado com técnicas eficazes apresentadas na literatura. Para além disso, a estabilidade e a capacidade de resposta do método sugerido foram validadas sob uma variedade de condições, incluindo alterações graduais no teor de água da membrana e flutuações de temperatura. Além disso, a arquitetura OFLC MPPT hipotética era genérica e podia ser implementada em MCUs de baixo custo. Os resultados mostram que a técnica sugerida OFLC MPPT tem um desempenho notável, tanto na recuperação rápida e fiável do MPPT, como na saída de energia contínua com distorção mínima e simplicidade geral.

Tabela 2.1: Tabela de comparação de vários trabalhos efectuados no domínio do MPPT

Nome do autor	Ano de publicação	Trabalho efectuado
Ebrahim, Mohamed et al. [15]	2019	O Algoritmo de Otimização Whale (WOA), uma técnica baseada em enxames, foi utilizado para otimizar os controlos MPPT de sistemas fotovoltaicos ligados à rede
A. Shazly et al. [51]	2019	Realizou uma avaliação comparativa estimulante de dois métodos padrão, ou seja, P&O e INC, a fim de otimizar o desempenho de conversão de energia do sistema fotovoltaico.
P. Jain, S.N Joshi et al. [42]	2018	O principal objetivo dos investigadores era descobrir métodos para aumentar a eficiência da extração de energia solar.
S. L. Prakash, M. Arutchelvi et al. [46]	2015	A modelização e o estudo aprofundado da eficácia da técnica INC com controlo d (delta) foram fornecidos.
A.Mehiri, A.K. Hamid et al. [4]	2017	Simulou e analisou o efeito de sombreamento de diferentes configurações de matriz fotovoltaica num sistema fotovoltaico trifásico de 2 fases ligado à rede
M. Sunar, C. Nithya et al. [33]	2017	Efectuou um estudo comparativo da lógica difusa e do seguimento do ponto de potência máxima baseado na RNA para seguir o ponto de potência máxima de uma matriz fotovoltaica.
S. Shabaan, I. Mohamed et al. [48]	2017	Investigou o rastreador de ponto de máxima potência para uma bomba de água solar baseado num sistema de interferência neuro-fuzzy adaptativo.
A. Arora e P. Gaur et al. [1]	2015	Discutiu uma comparação das abordagens MPPT baseadas em redes neurais artificiais e ANFIS para monitorizar o MPP de um sistema fotovoltaico
A.Sandali, T. Oukhoya et al. [5]	2015	A caraterística LVRT foi combinada com a injeção de potência reactiva neste sistema.
Akanksha Shukla et al. [8]	2015	Este artigo discutiu como o P&O MPPT foi implementado usando conversores boost.
A.Borni, T.Abdelkrim et al. [6]	2017	Para regular o conversor dc-dc boost, foram utilizados algoritmos de seguimento do ponto de máxima potência, tais como P&O-PI, lógica difusa-PI configurada com algoritmo genético (GA).
Iulian Munteanu, A. Iuliana et al. [28]	2015	Propôs um sistema fotovoltaico ligado à rede sem fase intermédia de conversor DC-DC utilizando o método MPPT de controlo de procura de extremos.
HananeYatimi et al. [25]	2019	O IC e o SMC propostos são dois MPPT sob irradiância solar dinâmica
N.Aouchiche et al.[37]	2018	Apresentou uma hibridação de duas técnicas GMPPT e DMPPT para uma central fotovoltaica de megawatt sob PSC.
F. Lamzouri, Boufounas et al. [16]	2018	A modificação do tempo de funcionamento do conversor permite que o método concebido opere o dispositivo de painel solar em torno do ponto de potência máxima estimado.
E. K. Anto, Philip et al. [14]	2014	Verificou que a dimensão da perturbação crítica da tensão é determinada por vários factores do sistema
P. Sodhi, Kapoor et al. [43]	2012	Sugeriu uma nova técnica de seguimento do ponto de potência máxima, simples de implementar, para aumentar o desempenho através de um melhor controlo da tensão fotovoltaica transitória

Yan Wang, Li Ding et al. [65]	2012	Foi desenvolvida uma técnica baseada num controlador PID auto-ajustável de parâmetros fluidos para obter o controlo do dispositivo FV de MPPT
Louzazni, Aroudam et al.[35]	2014	Apresentou um controlo inteligente de raça cruzada centrado em 2 abordagens para MPPT utilizando lógica difusa e controladores PID tradicionais
Louzazni, Aroudam et al. [36]	2014	Recomendou um controlador racional PID-Fuzzy inteligente que modifica as variáveis Kd, Ki e Kp naturalmente quando a luz e a temperatura são variáveis
A.I. Dounis, Stavrinidis et al. [7]	2015	Fornecimento de um controlador Fuzzy-PID para MPPT de sistemas fotovoltaicos.
N. Aouchiche, M. Aitcheik et al. [68]	2018	Apresentou um modelo híbrido de 2 técnicas, nomeadamente DMPPT e GMPPT.
H. El Fadil e F.Giri et al. [24]	2012	Debateu-se o tema dos sistemas solares ligados a uma rede monofásica.
Sachin Jain e Vivek Aggarwal et al. [50]	2007	Criação de uma nova técnica baseada na regulação da corrente de um sistema solar ligado à rede em fase única para MPPT
Li Shengqing, Jianxiang et al. [31]	2015	Sugestão de um método melhorado de controlo do ponto de máxima potência para MPPT
M Abu Sayem, Nadzirah et al. [69]	2021	Neste artigo foi feito um estudo para otimizar o MPPT para o carregamento de veículos fotovoltaicos utilizando um FLC
S. Mahmud, R. Kini et al. [70]	2021	Este estudo apresenta uma técnica de seguimento do ponto de máxima potência (MPPT) a dois níveis.
A. Lakhdara, T. Bahi et al. [71]	2021	Investigar os resultados comportamentais de múltiplas (2) abordagens de otimização.
Shrivastava, Bodke et al. [72]	2021	Um conceito de PEMFC com um controlador de seguimento do ponto de potência ótimo baseado em ANFIS.
A. Fathy, H. Rezk et al. [73]	2021	Neste estudo, foi proposta uma nova técnica de investigação forense (FBI)
M. Aly, H. Rezk et al. [74]	2020	Desenvolveu um algoritmo que funcionava com DE e lógica difusa e denominou-o de sistema MPPT baseado em lógica difusa optimizada.

2.3INFERÊNCIAS RETIRADAS DA REVISÃO DA LITERATURA

Esta secção apresenta as inferências retiradas da pesquisa bibliográfica realizada na secção 2.2

a. As técnicas meta-heurísticas estão a ganhar muita atenção dos investigadores para otimizar o problema no domínio dos sistemas eléctricos, especialmente nos sistemas fotovoltaicos
b. A necessidade de energia está a aumentar e as FER estão a tornar-se mais benéficas para a infraestrutura de eletricidade
c. Os sistemas fotovoltaicos não têm população e é possível utilizar uma grande quantidade de energia solar através destes sistemas
d. Compreender as diferentes estratégias de MPPT utilizadas em sistemas fotovoltaicos ligados à rede é importante para conceber um sistema eficaz
e. O papel dos modelos de decisão, como o fuzzy e o Ann, é suficientemente eficaz para seguir o ponto de potência máxima. O fator a considerar neste caso é a regra ou os dados de formação para os sistemas de recomendação ou decisão.
f. As diferentes condições de irradiação e temperatura são os pilares para o desenvolvimento de um sistema MPPT
g. Os métodos MPPT baseados em fuzzy são vistos como uma das novas técnicas em sistemas fotovoltaicos
h. A dimensão da perturbação crítica da tensão é determinada por vários factores do sistema que são difíceis de estimar num sistema prático

2.4ÂMBITO DOS TRABALHOS

Para conceber um modelo inovador, podem ser tidos em conta os seguintes aspectos, de modo a obter um modelo eficaz:

1. Introduzir o controlador PID de ordem fraccionada para as técnicas MPPT.
2. Efetuar a simulação do modelo proposto com um veículo elétrico.
3. Efetuar uma análise comparativa do modelo proposto e do modelo existente.

2.5 DEFINIÇÃO DO PROBLEMA

A energia solar é considerada uma das fontes de energia mais utilizadas e pode ser utilizada para muitos fins quando convertida em energia eléctrica. Os painéis solares fotovoltaicos são utilizados para captar a luz solar do sol e transformá-la em energia eléctrica. A conversão da energia solar em energia eléctrica é uma operação necessária que permite poupar dinheiro nas contas de eletricidade, uma vez que a luz solar é gratuita. Os investigadores mergulharam mais fundo neste sector para descobrir os métodos mais eficazes de produção de energia. Os procedimentos MPPT são as abordagens mais típicas que utilizaram para criar um protótipo de sucesso.

No entanto, foram identificadas algumas lacunas de investigação numa metodologia desenvolvida por M. Alsumiri [1] que utiliza tecnologias de condutância incremental baseadas no teorema dos resíduos. Embora o modelo de condutância incremental residual possa produzir melhores resultados, existem ainda certas flutuações/oscilações na saída de corrente e tensão que prejudicam o desempenho do modelo solar fotovoltaico. Em segundo lugar, o desempenho do modelo é determinado apenas para o modelo específico. Não é tida em conta qualquer aplicação do sistema solar para demonstrar a superioridade do modelo. Além disso, as condições climatéricas também têm um impacto nos sistemas solares fotovoltaicos. Os investigadores não tiveram em conta o cenário meteorológico: se não houver luz solar disponível, os painéis fotovoltaicos não serão capazes de produzir energia. Por conseguinte, deve ser utilizada uma reserva em tais circunstâncias para evitar inconvenientes. As lacunas de investigação supramencionadas aumentam a necessidade de conceber um novo modelo que possa ultrapassar os problemas do sistema existente.

CAPÍTULO 3
CONTROLADOR FOPID

3.1 TRABALHO PROPOSTO

Para ultrapassar os problemas mencionados na secção anterior desta tese, é proposto um modelo melhorado que incorpora o controlador PID de ordem fraccionada juntamente com o método MPPT de condutância incremental. O controlador FOPID está a ser introduzido devido às seguintes vantagens: é muito útil para ativar a análise no domínio da frequência e os métodos de conceção do controlo. Em segundo lugar, é mais rápido do que um controlador PID na realização de operações. A principal razão para selecionar o controlador FOPID no modelo proposto é apresentada a seguir;

3.2 CONTROLADOR FOPID

Tustin apresentou um controlador de posição de ordem fraccionada para coisas enormes em 1958[36], que foi um dos primeiros controladores de ordem fraccionada a existir. Para manter intervalos de fase aceitáveis acima ou abaixo da frequência de cruzamento, foi utilizado um mecanismo de transferência de circuito aberto. O controlador FOPID, inventado por Igor Podlubny no ano de 1994[37], é outro controlador fracionário frequentemente utilizado, tendo-se verificado que os controladores FO superam os controladores tradicionais (de ordem inteira) em termos de fiabilidade e desempenho do modelo. Em 1960, iniciou-se a aplicação do cálculo de FO a um modelo dinâmico. Desde então, a investigação sobre o controlo de FO foi alargada a uma vasta gama de domínios de engenharia. O controlador PID de ordem fraccionada consiste num conjunto de derivadas fraccionadas, bem como de ganhos do controlador. O controlador FOPID é genuinamente considerado uma generalização do controlador PID convencional com menor sensibilidade a alterações. A função de transferência do controlador FOPID é dada pela equação

$$G_c(s) = \frac{u(s)}{e(s)} = K_p + K_j s^{-\lambda} + K_D s^{\mu} \text{------------------} \quad (3.1)$$

Onde $G_c(s)$representa a função de transferência do controlador, $e(s)$ representa o erro, $u(s)$ representa a saída. Além disso, o K_p,K_i e K_d representam os ganhos proporcionais, os ganhos inteiros e os ganhos derivados, respetivamente. λ e μ representam a componente fraccionada da parte integral e da parte derivada, respetivamente. O domínio do tempo do controlador FOPID é dado pela equação 2.

$$u(t) = K_p e(t) + K_i D^{-\lambda} e(t) + K_D D^{\mu} e(t) \text{---------------} \quad (3.2)$$

Para além dos três atributos convencionais, i.e. K_p,K_i e K_d o FOPID inclui λ e µ wgic representam os parâmetros de ordem integral e de ordem derivativa. Como resultado, a abordagem de projeto do controlador FOPID implica a resolução de cinco equações não lineares com cinco parâmetros que são K_p,K_i e K_d, λ Os controladores FOPID são capazes de gerar uma pequena quantidade de ultrapassagem e tempo de estabilização quando se trata de compensar o erro entre os pontos de referência medidos e desejados. Depois, como parte do seu sistema controlado, determina e produz medidas corretivas alterando o processo em conformidade.

CAPÍTULO 4
EXECUÇÃO DAS OBRAS

4.1 IMPLEMENTAÇÃO DO MODELO

O diagrama de blocos do modelo proposto com o controlador FOPID é apresentado na figura 4.1.

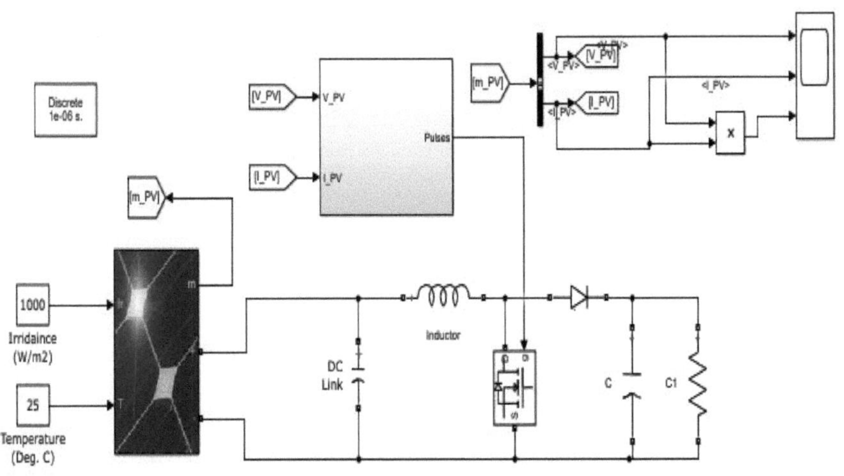

Fig. 4.1 Modelo proposto

A Figura 4.1 mostra o diagrama sistemático do modelo proposto, no qual são implementados diferentes componentes, como os painéis solares fotovoltaicos, o controlador FOPID e a técnica MPPT de condutância incremental. Além disso, a irradiação solar é fixada em 1000w/m^2 e a temperatura inicial é de 25 graus Celsius. A luz solar é captada pelo painel solar fotovoltaico, que é então convertida em energia eléctrica que pode ser utilizada para vários fins. Esta energia eléctrica produzida é então mantida e gerida pelo controlador MPPT-FOPID, cujo diagrama de controlo é apresentado na figura 4.2.

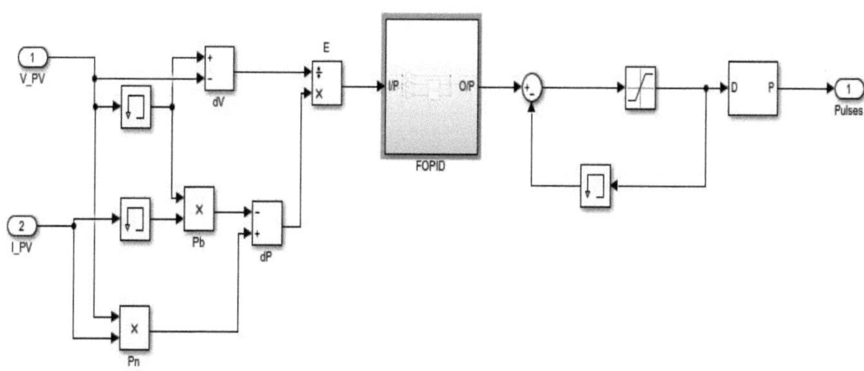

Fig. 4.2 Controlador FOPID

A Figura 4.2 ilustra o diagrama de blocos do controlador FOPID que é utilizado no sistema proposto. A principal razão para a utilização do controlador FOPID na abordagem sugerida é a produção de sinais de controlo. Para além disso, o modelo proposto inclui também um conversor dc-dc boost, que aumenta o nível de tensão aumentando a tensão e diminuindo o valor da corrente a partir da sua entrada, de modo a produzir uma carga de saída.

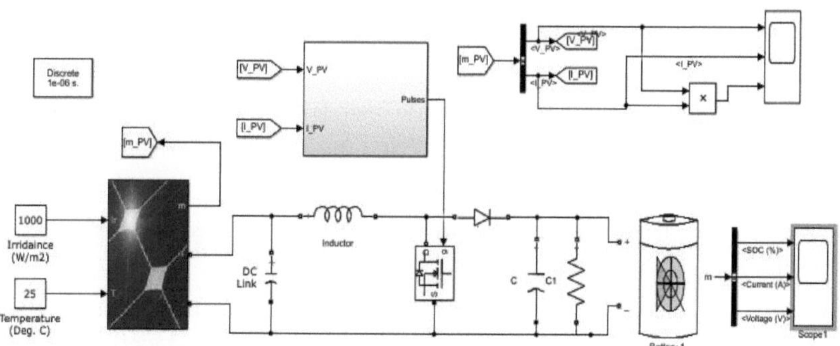

Fig. 4.3 Modelo proposto de EV anexado

Para além disso, a eficácia do modelo será avaliada para uma aplicação em sistemas fotovoltaicos (PV). Para tal, serão considerados veículos eléctricos em termos de carga. O sistema de conversão baseado no FOPID proposto será avaliado através da simulação do modelo. O objetivo da utilização de um carro elétrico é permitir que o sistema FV recarregue os veículos, aumentando assim o desempenho do modelo. O diagrama de blocos do sistema proposto com o VE ligado a ele como uma carga. A Figura 4.3 representa o diagrama de blocos do modelo MPPT-FOPID proposto com a bateria do veículo elétrico ligada a ele como carga. O motivo da ligação da bateria do VE é verificar a eficácia com que o modelo MPPT-FOPID proposto consegue carregar as baterias. Assim, ao utilizar o FOPID com a técnica IC MPPT baseada no teorema dos resíduos existente, a conversão da energia solar pode ser efectuada e o desempenho será melhorado. O funcionamento detalhado do modelo proposto é apresentado na secção seguinte desta tese.

4.2 METODOLOGIA

O processo que é seguido no esquema FOPID MPPT proposto para alcançar a saída final de tensão, corrente e potência com flutuações mínimas é obtido seguindo uma série de passos dados abaixo;

Passo 1: No início, a energia solar é absorvida pelos painéis solares fotovoltaicos, sendo depois convertida em energia eléctrica para poder carregar eficazmente as baterias. É necessário definir a irradiância de entrada, a temperatura, a tensão, a corrente e outros parâmetros dos painéis solares fotovoltaicos. Para além destes parâmetros, existem vários outros parâmetros que estão listados na tabela 4.1.

Passo 2: Após a inicialização da rede, o passo seguinte que é escolhido no modelo proposto é a geração de sinais de controlo. Para isso, o controlador FOPID MPPT é utilizado no trabalho proposto, que produz o ciclo de trabalho com base no erro dos valores de tensão e potência.

Passo 3: Os ciclos de funcionamento gerados pelo controlador FOPID servem de entrada para o conversor dc-dc boost, que regula a carga de saída diminuindo a corrente e aumentando os valores de tensão.

Passo 4: A fonte de alimentação regulada é então fornecida à carga resistente no caso do modelo IC MPPT e da bateria do VE.

Etapa 5: Os vários parâmetros da bateria do VE, que incluem o tipo de bateria, a tensão nominal, a capacidade nominal e o SOC inicial da bateria. O valor exato destes parâmetros é registado em forma de tabela e é apresentado na tabela 4.2.

Tabela 4.1: Parâmetros solares fotovoltaicos

Parâmetro do painel solar	**Valor**
Irrigação de entrada (w/m)^2	1000
Temperatura de entrada (deg.C)	25
Cordas paralelas	1
Módulos ligados em série por string	1
Potência máxima (W)	89.82
Tensão de circuito aberto Voc (V)	22.2
Tensão no ponto de potência máxima Vmp (V)	18
Células por módulo (Ncell)	36
Corrente de curto-circuito Isc (A)	5.4
Corrente no ponto de potência máxima Imp (A)	4.99
Coeficiente de temperatura de Voc (%/deg.C)	-0.37401
Coeficiente de temperatura de Isc (%/deg.C)	0.089

Tabela 4.2: Parâmetros da bateria do VE

Parâmetro EVBattery	**Valor**
Tipo de pilha	Ião de lítio
Tensão nominal (V)	18
Capacidade nominal (Ah)	10
Estado de carga inicial (%)	80

Passo 6: finalmente, o desempenho do modelo FOPID MPPT proposto é avaliado comparando os seus valores de tensão, corrente, potência e SOC da bateria com o modelo IC MPPT tradicional. Os resultados detalhados obtidos são discutidos no próximo capítulo desta tese

CAPÍTULO 5
RESULTADOS, DISCUSSÕES E ANÁLISES

5.1 DEBATES

A eficácia do modelo MPPT-FOPID proposto é avaliada no software MATLAB. Os resultados simulados foram representados e comparados com o modelo INC tradicional em termos de tensão, corrente e capacidade global de produção de energia. Esta secção apresenta uma breve explicação dos resultados obtidos.

5.2 AVALIAÇÃO DO DESEMPENHO

Para validar a eficiência do modelo FOPID proposto, começámos por implementar o modelo tradicional de condutância incremental e analisámos os seus resultados. A Figura 5.1 mostra a saída de tensão gerada pelo modelo clássico.

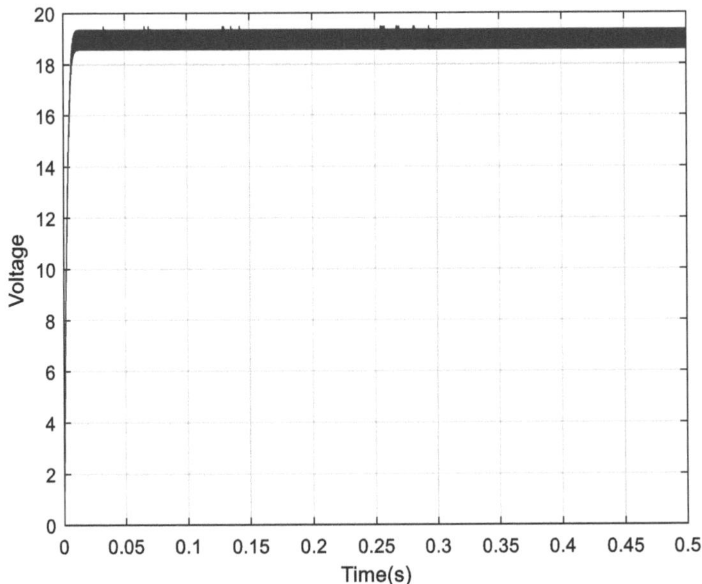

Fig. 5.1 Saída de tensão no modelo de CI padrão

A figura acima demonstra o gráfico que é obtido para a tensão gerada pelos painéis solares fotovoltaicos no modelo convencional de CI. O eixo dos x do gráfico apresentado corresponde ao tempo em segundos e o eixo dos y corresponde à magnitude da tensão. A partir do gráfico acima, observa-se que o modelo de CI convencional é capaz de produzir uma tensão superior a 18 V quando a irradiação solar é elevada. No entanto, também se observa que ocorrem enormes flutuações na saída de tensão que a tornam inconveniente e ineficiente para carregar as baterias dos VEs. Do mesmo modo, a corrente gerada pelo modelo de CI convencional também é analisada e é apresentada na figura 5.2.

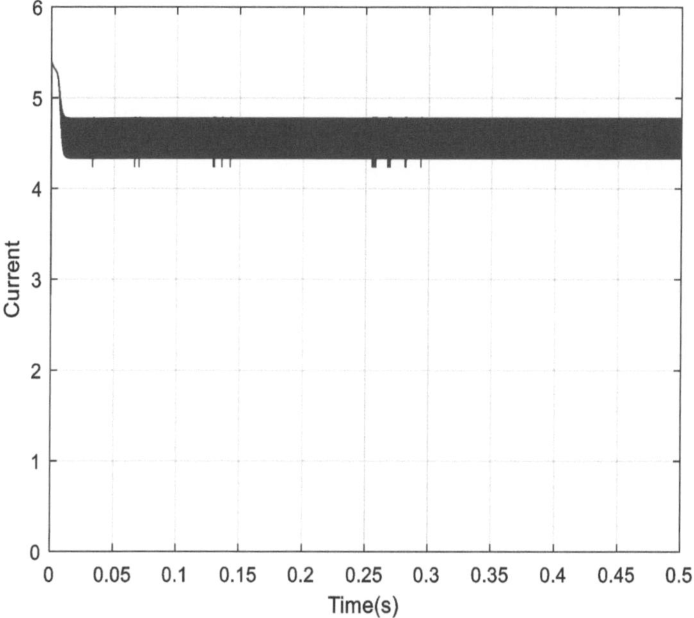

Fig. 5.2 Corrente produzida pelo modelo tradicional de CI

A figura acima mostra o gráfico da corrente produzida no modelo de CI padrão. O eixo x e o eixo y do gráfico correspondem aos valores do tempo e da corrente, respetivamente. Depois de examinar o gráfico acima, observa-se que o modelo foi capaz de produzir uma corrente de 4-5A durante todo o tempo. Sem dúvida que o valor da corrente gerada era bom, mas também apresentava grandes oscilações/flutuações que diminuíam o seu desempenho global, uma vez que a corrente flutuante pode danificar as baterias dos VEs. Do mesmo modo, a potência gerada pela abordagem padrão do CI é analisada e observada e é apresentada na figura 5.3.

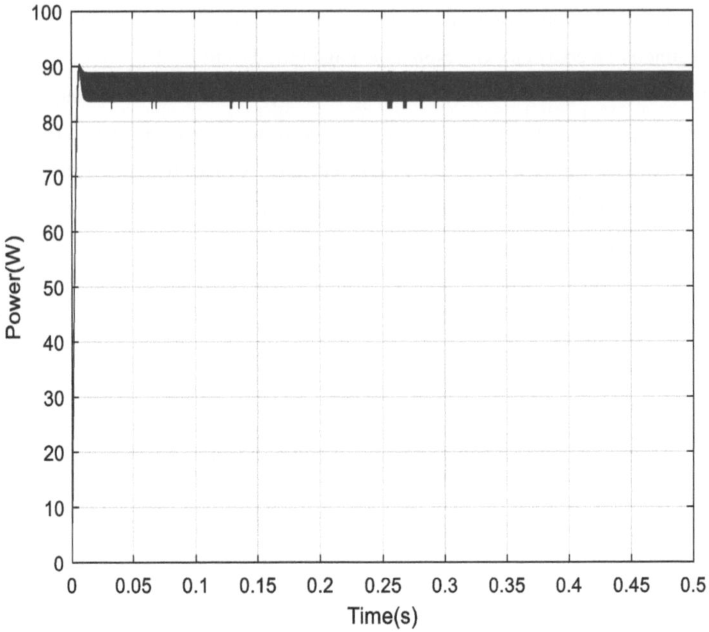

Fig. 5.3 Potência gerada pelo modelo clássico de CI

A Figura 5.3 mostra o gráfico da potência gerada pelo modelo IC padrão quando a irradiância solar é de 1000w/m^2 . O eixo x do gráfico corresponde ao tempo em segundos e o eixo y corresponde aos valores de potência, respetivamente. Depois de analisar o gráfico, observa-se que o modelo de CI convencional é capaz de gerar cerca de 90W de potência em apenas 0,1s, mas teve de passar por enormes flutuações. Estas flutuações causam ineficiência e, por conseguinte, podem danificar a bateria dos veículos eléctricos.

Para além disso, a eficácia do FOPID MPPT proposto é também analisada em termos da sua tensão de saída e é mostrada na figura 5.4.

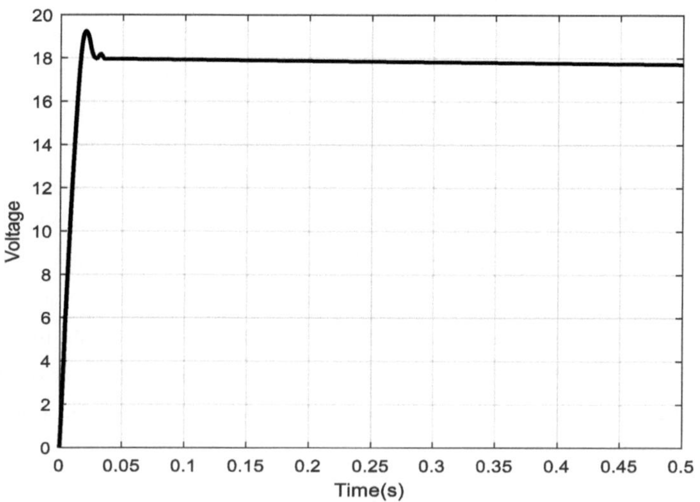

Fig. 5.4 Tensão obtida no modelo proposto

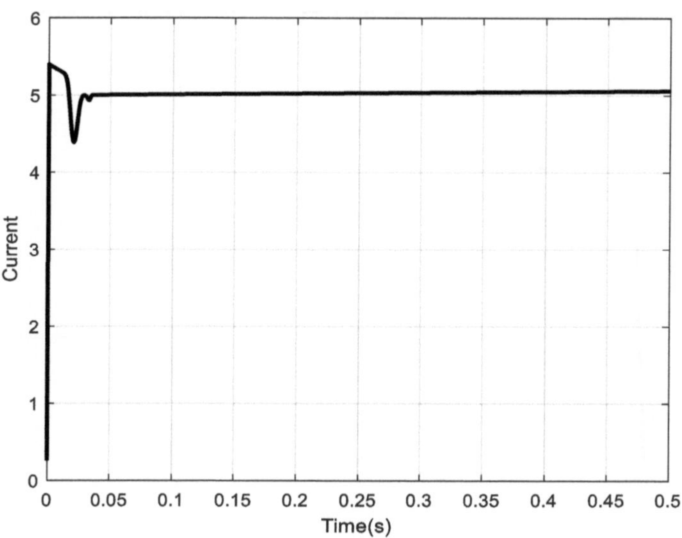

Fig. 5.5 Corrente gerada pelo modelo FOPID proposto

A tensão produzida pelo modelo FOPID proposto é analisada em termos da sua capacidade de geração de tensão (ver figura 5.4). O eixo x e o eixo y do gráfico dado correspondem ao tempo e à magnitude da tensão. A partir do gráfico, observa-se que a tensão dispara para cerca de 19V em apenas 0,1s e depois permanece estável em 18V durante todo o tempo. Além disso, as flutuações foram quase insignificantes na saída de tensão e, por conseguinte, podem ser utilizadas eficazmente para carregar as baterias dos veículos eléctricos. Da mesma forma, o desempenho do modelo MPPT FOPID sugerido é avaliado e observado em termos da sua capacidade de geração de corrente e é mostrado na figura 5.5. O eixo x do gráfico dado representa o tempo e o eixo y do gráfico representa o valor da corrente. O gráfico obtido para a corrente mostra que o valor da corrente dispara mais de 5A em apenas 0,1s quando a irradiância solar é de 1000w/m2. A corrente passa por flutuações mínimas entre 0 e 0,05 segundos e depois permanece constante em 5A sem quaisquer flutuações ao longo de todo o tempo. Assim, prova-se que o modelo pode ser utilizado para um carregamento eficaz.

Além disso, o desempenho do modelo FOPID proposto é também analisado em termos da sua capacidade global de produção de energia e é apresentado na figura 5.6.

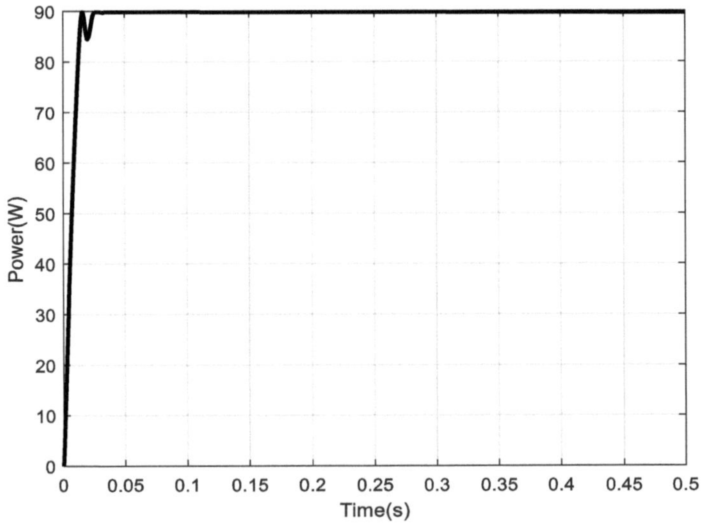

Fig. 5.6 Potência gerada pelo modelo FOPID

A Figura 5.6 mostra o gráfico da potência produzida pelos painéis solares fotovoltaicos quando a irradiância é de 1000w/m2. O eixo x e o eixo y do gráfico acima representam o tempo e os valores de potência, respetivamente. A partir do gráfico obtido, observa-se que a abordagem FOPID MPPT proposta é capaz de gerar 90W de potência em apenas 0,02 segundos. Além disso, como o principal motivo do trabalho proposto era eliminar as oscilações na saída, o que é claramente feito utilizando o método FOPID MPPT? Assim, o modelo proposto pode ser utilizado de forma eficiente no carregamento das cargas.

Para provar a eficácia do método FOPID MPPT sugerido, o seu desempenho é comparado com o modelo IC tradicional em termos da sua capacidade de potência e é apresentado na figura 5.7.

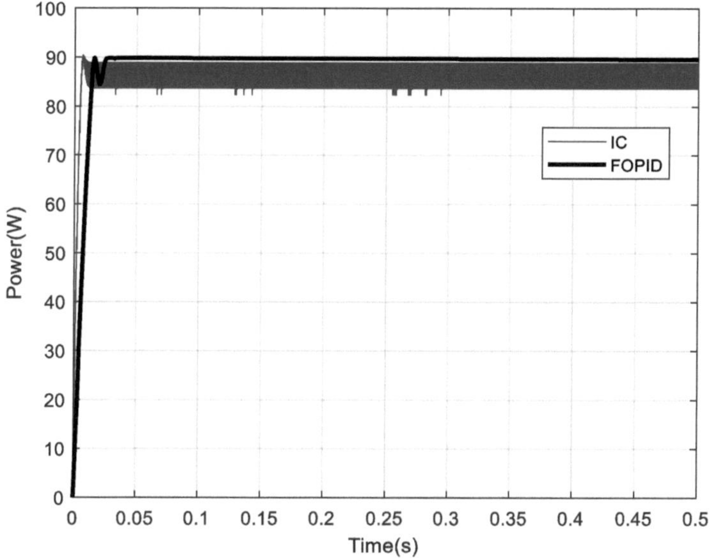

Fig. 5.7 Gráfico de comparação para a potência

A Figura 5.7 representa o gráfico de comparação do controlador FOPID MPPT sugerido e do controlador IC MPPT tradicional em termos da sua capacidade de geração de energia. O eixo x e o eixo y do gráfico calibram os valores de tempo e potência. Além disso, o desempenho do modelo IC tradicional é representado pela linha azul, enquanto o desempenho do modelo FOPID sugerido é representado pela linha preta sólida. Depois de observar cuidadosamente o gráfico, verifica-se que a potência gerada pelo modelo de CI tradicional é inferior a 90 W, com grandes flutuações. Estas flutuações reduzem o desempenho do modelo de CI tradicional. Por outro lado, o valor da potência gerada pelo modelo FOPID proposto é de cerca de 90W com flutuações insignificantes. A potência gerada pelo modelo FOPID mantém-se estável durante todo o tempo, o que prova a sua supremacia.

Além disso, o estado de carga da bateria também é analisado em ambos os modelos, ou seja, o modelo tradicional IC MPPT e o modelo proposto FOPID MPPT, e está representado nas figuras 5.8 e 5.9.

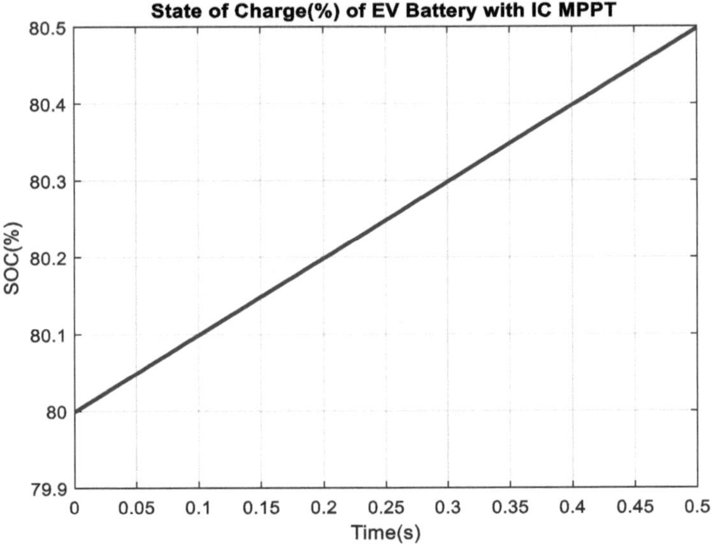

Fig. 5.8 SOC da bateria no modelo de CI tradicional

A figura acima (figura 5.8) ilustra o estado de carga da bateria na abordagem convencional IC MPPT com o estado de carga inicial a 80%. O eixo x representa o valor do tempo e o eixo y representa o SOC da bateria em percentagem. A partir do gráfico, observa-se que o estado de carga da bateria está a aumentar continuamente e atingiu 80,5% em apenas 0,5s. No entanto, este não foi o caso no modelo FOPID proposto, no qual a bateria do VE está a ser carregada eficazmente desde o início e não muda com a alteração da irradiância solar.

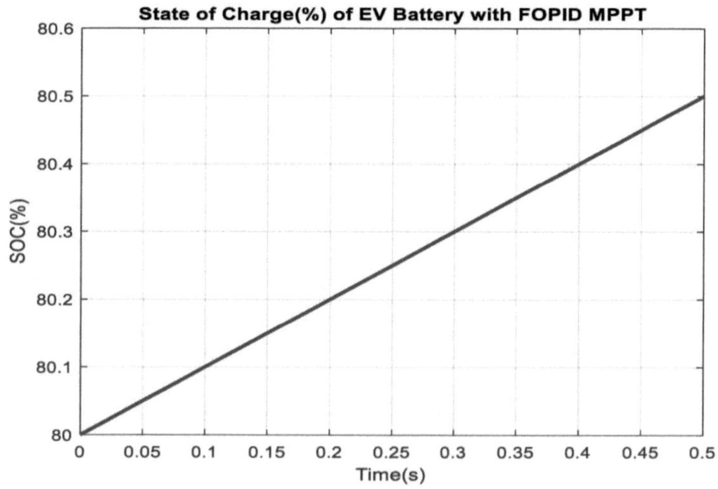

Fig. 5.9 SOC da bateria no modelo FOPID proposto

A Figura 5.9 mostra o SOC da bateria na abordagem MPPT FOPID proposta em que o eixo x e o eixo y calibram para o tempo e os valores SOC. Depois de analisar o gráfico, observa-se que a bateria do VE está a ser carregada eficazmente com a energia gerada pelos painéis solares.

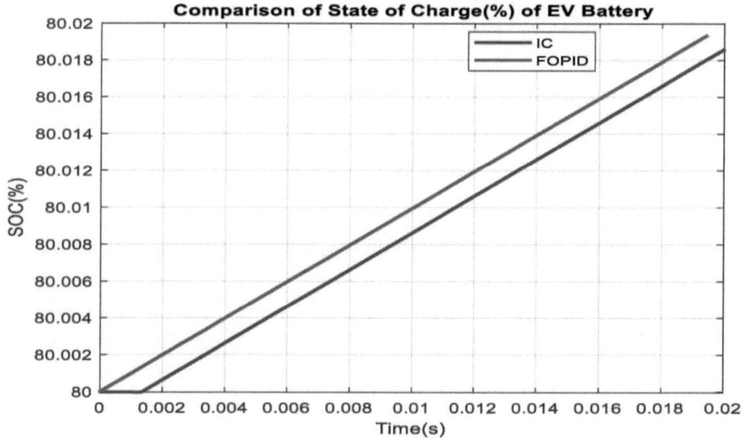

Fig. 5.10 Comparação do SOC da bateria para um curto período de tempo

Além disso, a eficácia do modelo FOPID sugerido é também analisada comparando o seu desempenho com o SOC da bateria do modelo IC tradicional durante um curto período de tempo e é apresentada na figura 5.10. O desempenho do modelo FOPID proposto é representado pela linha vermelha sólida e o desempenho do modelo IC tradicional é representado pela linha azul sólida. Depois de examinar o gráfico, observa-se que as baterias são carregadas de forma mais eficaz e eficiente com a abordagem FOPID sugerida e duram mais tempo do que o modelo IC tradicional. O gráfico apresentado (ver figura 5.9) mostra o SOC da bateria durante um período de tempo muito curto, o que prova claramente a sua supremacia. O gráfico do estado de carga da bateria também é observado durante todo o tempo de simulação, tanto no modelo de CI tradicional como no modelo FOPID proposto, e é apresentado na figura 5.11.

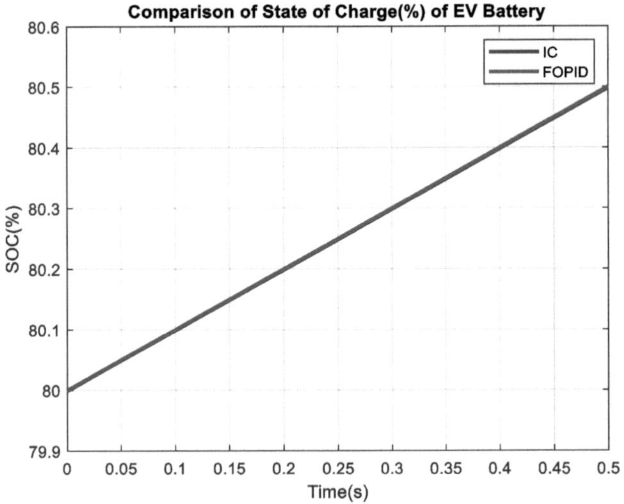

Fig.5.11 SOC da bateria para todo o tempo de simulação

A figura acima mostra o gráfico de comparação do SOC da bateria na abordagem convencional IC MPPT e na abordagem proposta FOPID MPPT. O eixo x e o eixo y representam o tempo e o SOC da bateria, respetivamente. Além disso, o desempenho do modelo proposto é representado pela linha vermelha, enquanto o desempenho do modelo tradicional IC MPPT é representado pela linha azul. Depois de analisar o gráfico, observa-se que o desempenho do modelo FOPID sugerido é mais eficiente e pode carregar as baterias dos veículos eléctricos de forma eficiente sem lhes causar qualquer dano. A partir dos gráficos acima, também se observa que o modelo FOPID proposto supera o modelo IC tradicional em todos os parâmetros e, portanto, é mais eficiente.

CAPÍTULO 6
CONCLUSÃO E PERSPECTIVAS FUTURAS

6.1 CONCLUSÃO

A necessidade de alterar os veículos eléctricos surgiu em resultado do aumento do aquecimento global e dos custos do combustível de carbono. Os veículos eléctricos (VEs) funcionam com fontes de energia renováveis que são simultaneamente benignas e eficientes do ponto de vista ecológico. No entanto, à medida que o número de veículos eléctricos na estrada aumenta, a infraestrutura tradicional de combustíveis fósseis torna-se menos rentável e eficaz, exigindo a utilização de estações de carregamento baseadas em RER. Existem vários métodos disponíveis para esta tarefa, mas estes sistemas parecem ser ineficientes numa série de áreas, incluindo alta tensão e oscilações de energia. Para contornar estes limites e controlar eficazmente a potência máxima nos sistemas solares fotovoltaicos, propõe-se aqui uma abordagem eficaz baseada no controlador FOPID. A eficácia da abordagem de controlo FOPID MPPT sugerida é validada no software MATLAB. Os resultados experimentais foram determinados e, posteriormente, comparados com o método IC MPPT mais avançado em termos de tensão, corrente, potência e SOC da bateria. O principal motivo do esquema proposto foi a redução das flutuações na saída. Após a análise dos resultados, observou-se que a tensão, a corrente e a potência geradas pelo método tradicional IC MPPT apresentavam grandes oscilações, o que o tornava inadequado para carregar as baterias dos veículos eléctricos. Além disso, as oscilações podem causar danos à bateria, reduzindo o seu tempo de vida útil. No entanto, quando o desempenho do modelo FOPID MPPT proposto é analisado, observou-se que o modelo foi capaz de produzir 90W de potência durante toda a simulação e isso também com flutuações insignificantes. Além disso, a tensão e a corrente geradas pelo modelo FOPID proposto não sofreram grandes flutuações e, por conseguinte, podem ser utilizadas para carregar as baterias dos veículos eléctricos sem lhes causar quaisquer danos. Para além disso, o estado de carga da bateria foi mais eficiente e eficaz no modelo FOPID proposto quando comparado com o modelo IC MPPT padrão. Estes resultados provam a supremacia da abordagem FOPID proposta.

6.2 ÂMBITO FUTURO

No mundo da automatização, os sistemas devem ser dinâmicos por natureza. De acordo com a análise e os resultados obtidos com o modelo proposto, a eficácia é comprovada em relação ao modelo tradicional. No entanto, no futuro, o trabalho pode centrar-se na capacidade dinâmica do modelo. Os parâmetros de afinação podem ser optimizados através da utilização de abordagens de computação flexível, de modo a que o sistema possa funcionar eficazmente em diferentes ambientes sem alterar todo o modelo.

[1] REFERÊNCIAS

[1] A. Arora e P. Gaur, "Comparison of ANN and ANFIS based MPPT Controller for grid connected PV systems", 2015 Annual IEEE India Conference (INDICON), New Delhi, pp. 1-6, Dec. 2015.

[2] Ali Chikh e A. Chandra, "An Optimal Maximum Power Point Tracking Algorithm for PV Systems With Climatic Parameters Estimation", em IEEE Transactions on Sustainable Energy, vol. 6, no. 2, pp. 644-652, abril de 2015.

[3] T.L. Kottas; Y.S. Boutalis; A.D. Karlis, "New MPPT for PV arrays using fuzzy controller in close cooperation with fuzzy cognitive network", IEEE Trans. Energy Conv., vol. 21, no. 3, pp. 793-803, setembro de 2006.

[4] A. Mehiri; A.K. Hamid; S. Almazrouei, "The Effect of Shading with Different PV Array Configurations on the Grid-Connected PV System", 2017 International Renewable and Sustainable Energy Conference (IRSEC), Tangier, pp. 1-6, Dez. 2017.

[5] A.Sandali; T. Oukhoya; A. Cheriti, "LVRT control strategy for PV grid connected system based on P-V optimal slope MPPT technique", 2015 3rd International Renewable and Sustainable Energy Conference (IRSEC), Marrakech, pp. 1-6, 2015.

[6] A.Borni; T.Abdelkrim; N. Bouarroudj; A.Bouchakour; L.Zaghba; A.Lakhdari; L.Zarour, "Optimized MPPT Controllers Using GA for Grid Connected Photovoltaic Systems, Comparative study" ,Vol. 119, Pp. 278-296, July 2017.

[7] A.I. Dounis ; S. Stavrinidis ; P. Kofinas ; D. Tseles, "Fuzzy-PID controller for MPPT of PV system optimized by Big Bang-Big Crunch algorithm", 2015 IEEE International Conference on Fuzzy Systems (FUZZ-IEEE), pp. 1-8, agosto de 2015.

[8] Akanksha Shukla et al, "Maximum Power Point Tracking Simulation based on Perturb and Observe Algorithm for PV array Using Boost Converter", American International Journal of Research in Science, Technology, Engineering & Mathematics, Pp. 133-137, 2015.

[9] A. Al-Amoudi; & L. Zhang, "Optimal control of a grid-connected PV system for maximum power point tracking and unity power fator", In: Proc. Seventh Int. Conf. Power Electron. Variable Speed Drives, pp. 80-85, Out. 2015.

[10] Ammar; A.Aldair et al, "Projeto e implementação de controlador de modelo de referência ANFIS baseado em MPPT usando FPGA para sistema fotovoltaico", Elsevier, Vol. 82, no. 3, Pp 2202-2217, fevereiro de 2018

[11] Chian-Song Chiu, "T-S fuzzy maximum power point tracking control of solar power generation systems", IEEE Trans. Energy Conv., vol. 25, no. 4, pp. 1123-1132, dezembro de 2010.

[12] Central Statistics Office-Ministry of Statistics and Programme Implementation, "Energy Statistics Report-2014", Governo da Índia, Nova Deli, março de 2015.

[13] JC. MacKay, "Sustainable Energy - Without the Hot Air", UIT Cambridge, 2009. [Online]. Disponível: http://www.inference.phy.cam.ac.uk/sustainable/book/tex/cft.pdf, [Acedido em 28/10/2010].

[14] Emmanuel K. Anto; Philip Y. Okyere; Johnson A. Asumadu, "Critical voltage perturbation size for an open-loop perturb-and-observe (P&O) maximum power point tracking (MPPT) grid-connected solar photovoltaic (PV) system", 2014 IEEE 40th Photovoltaic Specialist Conference (PVSC), Denver, CO, pp. 1912-1916,2014.

[15] Ebrahim; Mohamed & Ahmed; Adham&Kotb; Khaled &Bendary, Fahmy, "Whale inspired algorithm based MPPT controllers for grid-connected solar photovoltaic system", Energy Procedia. Vol. 162, Pp. 77-86, abril de 2019.

[16] F.E Lamzouri; E-M Boufounas; A. El Amrani, "A Robust Backstepping Sliding Mode Control for MPPT based Photovoltaic System with a DC-DC Boost Converter", 2018 International Conference on Control, Automation and Diagnosis (ICCAD), Marrakech, Morocco, pp. 1-6, 2018.

[17] F. Mayssa; L. Sbita, "Advanced ANFIS-MPPT control algorithm for sunshine photovoltaic pumping systems", 2012 First International Conference on Renewable Energies and Vehicular Technology, Hammamet, pp. 167-172, março de 2012

[18] Farhad Khosrojerdi ;ShamsodinTaheri ; Ana-Maria Cretu, "An adaptive neuro-fuzzy inference system-based MPPT controller for photovoltaic arrays", 2016 IEEE Electrical Power and Energy Conference (EPEC), pp. 1-6, Out. 2016.

[19] N. Femia; G. Petrone; G. Spagnuolo; M.Vitelli, "Optimizing duty cycle perturbation of P&O MPPT technique", in Proceedings of IEEE 35th Annual Power Electronics Specialized Conference, vol. 3, pp. 1939-1944, 2004

[20] M.Fortunato; A.Giustiniani; G.Petrone; G.Spagnuolo; M.Vitelli, "Multi-objective optimization and MPPT in a single stage photovoltaic inverter", in IEEE International Symposium on Industrial Electronics, pp. 2432-2437, 2008.

[21] Goldbogen J A; Friedlaender A S; Calambokidis J; Mckenna M F; Simon M; Nowacek D P, "Abordagens integrativas para o estudo do comportamento de mergulho das baleias, desempenho alimentar e ecologia de forrageamento". Bioscience; Vol. 63, pp.90-100, 2013.

[22] Haitham Abu-Rub; Atif Iqbal; Sk. Moin Ahmed; Fang Z. Peng; Yuan Li; Ge Baoming, "Sistema de geração fotovoltaica baseado em inversor de fonte quase Z com controle de rastreamento de potência máxima usando ANFIS", em IEEE Transactions on Sustainable Energy, vol. 4, no. 1, pp. 11-20, Jan. 2013

[23] Hamza Afghoul; Fateh Krim; Djamel Chikouche, "Increase the photovoltaic conversion efficiency using Neuro-fuzzy control applied to MPPT", 2013 International Renewable and Sustainable Energy Conference (IRSEC), Ouarzazate, pp. 348-353, 2013.

[24] H.ElFadil; F.Giri, "MPPT and Unity Power Fator Achievement in Grid-Connected PV System Using Nonlinear control", Elsevier, Vol. 45, Issue 21, Pp. 363-368, 2012.

[25] Hanane Yatimi; Youness Ouberri; Elhassan Aroudam, "Melhoria da produção de energia de um sistema fotovoltaico autónomo com base na técnica MPPT robusta", Elsevier, Vol32, 2019, Pp 397-404, 2019.

[26] http://www.irena-istra.hr/uploads/media/Photovoltaic_systems.pdf

[27] Agência Internacional da Energia, "Technology Roadmap: Energia Solar Fotovoltaica", França, 2014

[28] Iulian Munteanu; Antoneta Iuliana; Bratcu, "MPPT para sistemas fotovoltaicos ligados à rede utilizando o controlo de procura do extremo baseado em ondulação: Analysis and control design issues", Elsevier, Vol. 111, Pp 30-42, 2015.

[29] L. Piegari; R. Rizzo, "Adaptive perturb and observe algorithm for photovoltaic maximum power point tracking", Renewable Power Generation, IET, vol. 4, no. 4, pp. 317-328, julho de 2010.

[30] Lei Zhang ;Wendong Wang ; Yikai Shi, "Research on maximum power point tracking based on an improved fuzzy-PD dual-mode algorithm", International Congress on Image and Signal Processing, Biomedical Engineering and Informatics (CISP-BMEI), pp. 1-6, Oct. 2017.

[31] Li Shengqing; Bai Jianxiang e Tang Qi; Yuan Li, "A kind of improved control method for Z-source inverter MPPT", The 27th Chinese Control and Decision Conference (2015 CCDC), pp. 6519-6523, May 2015.

[32] M. Kumar; K. S. Sandhu; A. Kumar, "Simulation analysis and THD measurements of integrated PV and wind as hybrid system connected to grid", IEEE 6th India International Conference on Power Electronics (IICPE), Kurukshetra, pp. 1-6, 2015.

[33] Mahima Sunar; C. Nithya; J. P. Roselyn, "Study of intelligent MPPT controllers for a grid connected PV system", Conferência Internacional do IEEE sobre Técnicas Inteligentes em Controlo, Otimização e Processamento de Sinais (INCOS), Srivilliputtur, pp. 1-6, 2017.

[34] S.Mirjalili; A. Lewis, "O Algoritmo de Otimização da Baleia. Advances in Engineering Software", vol. 95, pp. 51-67, Jan. 2016

[35] Mohamed Louzazni; Elhassan Aroudam, "Controlo e estabilização de sistemas fotovoltaicos trifásicos ligados à rede utilizando a lógica PID-Fuzzy", IEEE, 2014.

[36] Mohamed Louzazni; Elhassan Aroudam, "Controlo inteligente da lógica PID-Fuzzy para inversor fotovoltaico trifásico ligado à rede", IEEE, 2014.

[37] N. Aouchiche; M. S. Aitcheik; M. Becherif; M. A. Ebrahim, "MPPT global baseado em IA para planta fotovoltaica conectada à rede sombreada parcial por meio da abordagem MFO", Elsevier, Vol. 171, Pp 593-603, setembro de 2018

[38] N. Femia; G. Petrone; G. Spagnuolo; M. Vitelli, "Optimizing sampling rate of P&O MPPT technique", in Proc. IEEE PESC, pp. 1945- 1949,2004.

[39] Nader Barsoum; Pandian Vasant "Simplified Solar Tracking Prototype", Global Journal on Technology and Optimization, vol. 1, pp. 38-45, junho de 2010.

[40] Eficiência global dos inversores fotovoltaicos ligados à rede, Norma Europeia EN 50530, 2010.

[41] P. A. Lynn, Electricity from Sunlight: An Introduction to Photovoltaics, John Wiley & Sons, pp. 238, 2010.

[42] P. Jain; S. N. Joshi; N. Gupta; K. G. Sharma, "Analysis of MPPT Techniques in Grid Connected PV System", 2018 3rd International Conference and Workshops on Recent Advances and Innovations in Engineering (ICRAIE), Jaipur, India, pp. 1-4, 2018.

[43] P. Sodhi; Dhruv Kapoor e Mahesh S. Illindala, "An enhanced MPPT strategy for a grid-connected PV station under rapidly varying environmental conditions", 2012 IEEE International Conference on Power Electronics, Drives and Energy Systems (PEDES), Bengaluru, pp. 1-6, 2012.

[44] Patil S.N; R. C. Prasad, "Design and development of MPPT algorithm for high efficient DC-DC converter for solar energy system connected to grid", 2015 International Conference on Energy Systems and Applications, Pune, pp. 228-233, 2015.

[45] R. R. Jha; S. C. Srivastava, "Fuzzy Logic and ANFIS controller for grid integration of Solar Photovoltaic", 2016 IEEE 6th International Conference on Power Systems (ICPS), New Delhi, pp. 1-6, 2016

[46] S. Lenin Prakash; M. Arutchelvi; S. Stephy Sharon, "Simulação e análise de desempenho do MPPT para um sistema PV de estágio único ligado à rede", 2015 IEEE 9th International Conference on Intelligent Systems and Control (ISCO), Coimbatore, pp. 1-6, 2015.

[47] S. Padmanaban; N Priyadaeshi; M.S Bhaskar; Jens BoHolm-Nielsen; Vigna K. R; Eklas Hossain, "Um controlador MPPT híbrido baseado em ANFIS-ABC para sistema fotovoltaico com proteção de rede anti-ilhamento: Realização Experimental", em IEEE Access, vol. 7, pp. 103377-103389, 2019

[48] S. Shabaan, I. Mohamed; Abu El-Sebah; Pierre Bekhitc, "Maximum power point tracking for photovoltaic solar pump based on ANFIS tuning system", J. Electr. Syst. Inform. Technol. 2017.

[49] S. Sheik Mohammed, "Sistema de seguimento do ponto de potência máxima para o sistema de energia solar fotovoltaica autónomo utilizando o Sistema de Inferência Neuro-Fuzzy Adaptativo", Conferência Internacional Bienal de 2016 sobre Sistemas de Potência e Energia: Rumo à Energia Sustentável (PESTSE), Bangalore, pp. 1-4, 2016.

[50] Sachin Jain; Vivek Aggarwal, "New current control based MPPT technique for single stage grid connected PV systems", Elsevier, Vol. 48, Issue 2, Pp 625-644, Feb 2007.

[51] Shazly A. Mohamed; MontaserAbd El Sattar, "Um estudo comparativo das técnicas de seguimento do ponto de potência máxima P&O e INC para sistemas fotovoltaicos ligados à rede", SN Applied Sciences, Pp. 1-174, 2019.

[52] Syed Zulqadar Hassan; Hui Li ; Tariq Kamal ; Mithulananthan Nadarajah; Faizan Mehmood, "Fuzzy embedded MPPT modeling and control of PV system in a hybrid power system", IEEE, 2017.

[53] T. Esram; P.L. Chapman, "Comparison of Photovoltaic Array Maximum Power Point Tracking Techniques", IEEE Transactions on Energy Conversion, vol. 22, n.º 2, pp. 439-449, junho de 2007.

[54] T.Shanthi , "Controlo MPPT baseado no controlador ANFIS do sistema de geração fotovoltaica" 2015

[55] Tarak Salmi; Mounir Bouzguenda; Adel Gastli e Ahmed Masmoudi, "MATLAB/Simulink Based Modelling Of Solar Photovoltaic Cell", International Journal of Renewable Energy, vol. 2, no. 2, 2012

[56] O pacote climático e energético da União Europeia, (O pacote "20 - 20 - 20"), http://ec.europa.eu/clima/policies/eu/package_en.htm [Acedido em 28/10/2010].

[57] Trends in photovoltaic applications. Survey report of selected IEA countries between 1992 and 2009", Agência Internacional de Energia, Relatório IEA-PVPS Task 1 T1-19:2010, 2010. [Online]. Disponível: http://www.iea-pvps.org/products/download/Trends-in-Photovoltaic_2010.pdf[Acedido em 28/10/2010].

[58] V. K. Arun Shankar; S. Umashankar; S. Parmasivam, "ANFIS-DTC based solar PV water pumping using synchronous reluctance motor", 2017 International Conference on Technological Advancements in Power and Energy (TAP Energy), Kollam, pp. 1-6, 2017

[59] V. Salas; E. Olias; A. Lazaro; A. Barrado, "New algorithm using only one variable measurement applied to a MPPT", Solar Energy Mater. Solar Cells, vol. 87, n.º 1-4, pp. 675- 684, 2005

[60] Van Der Gucht; Hof, "E. Structure of the cerebral cortex of the humpback whale, Megapteranovaeangliae (Cetacea, Mysticeti, Balaenopteridae)", Anat Rec, Vol. 290, pp. 1-31, 2007.

[61] Vinod V P; Albert Singh, "A Comparative Analysis of PID and Fuzzy Logic Controller in an Autonomous PV-FC Micro grid", IEEE, 2018.

[62] Watkins WA; Schevill WE, "Observação aérea do comportamento alimentar em quatro baleias de barbas: Eubalaenaglacialis, Balaenopteraborealis, Megapteranovaean-gliae e Balaenopteraphysalus", J Mammal, pp. 155-63, 1979.

[63] X.Weidong e W.G.Dunford, "A modified adaptive hill climbing MPPT method for photovoltaic power systems", em Proc. IEEE 35th Annual Power Electron. Spec. Conf., vol. 3, pp. 1957-1963, 2004.

[64] Y.T Chu; Li-Qiang Yuan; H-H Ching, "ANFIS-based maximum power point tracking control of PV modules with DC-DC converters", 2015 18th International Conference on Electrical Machines and Systems (ICEMS), Pattaya, pp. 692-697 , 2015.

[65] Yan Wang; Li Ding; Nan Li, "A aplicação do controlador PID de auto-ajuste de parâmetros difusos no MPPT do sistema de energia fotovoltaica", IEEE, 2012.

[66] Ying-Tung Hsiao; China-Hong Chen, "Maximum power tracking for photovoltaic power system", IEEE 2012.

[67] Youngseok Jung; Junghun So; Gwonjong Yu; Jaeho Choi, "Improved perturbation and observation method (ip&0) of mppt control for photovoltaic power systems", IEEE Photovoltaic Specialists Conference, 2005.

[68] N. Aouchiche; M. S. Aitcheik; M. Becherif; M. A. Ebrahim, "MPPT global baseado em IA para planta fotovoltaica conectada à rede sombreada parcial via abordagem MFO", Elsevier, Vol. 171, Pp. 593-603, setembro de 2018

[69] M Abu Sayem; Ainna Nadzirah; Ali Q AL-Shetwi; M A Hannan; Pin Jern Ker; S A Rahman; K M Muttaqi, "Otimização BSA baseada em Fuzzy para avaliação de desempenho do controlador de rastreamento de ponto de potência máxima", 2021 IEEE Industry Applications Society Annual Meeting (IAS), 2021, pp. 1-8, doi: 10.1109/IAS48185.2021.9677240.

[70] S. Mahmud; R. Kini; A. Barchowsky; A. Javaid; Raghav Khanna, "Um algoritmo MPPT de dois níveis em condição de sombreamento parcial dinâmico usando controle de correlação de ondulação", 2021 IEEE Applied Power Electronics Conference and Exposition (APEC), 2021, pp. 89-96, doi: 10.1109 / APEC42165.2021.9487270.

[71] A. Lakhdara; T. Bahi; A. Moussaoui, "MPPT Techniques of the Solar PV under Partial Shading", 2021 18th International Multi-Conference on Systems, Signals & Devices (SSD), 2021, pp. 1241-1246, doi: 10.1109/SSD52085.2021.9429315.

[72] R. G. Shrivastava; M. P. Bodke; S. S. Khule, "Algoritmo de controlo ANFIS-MPPT para um sistema PEMFC utilizado em aplicações de veículos eléctricos", 2021 2.ª Conferência Global para o Avanço da Tecnologia (GCAT), 2021, pp. 1-6, doi: 10.1109/GCAT52182.2021.9587684.

[73] A. Fathy; H. Rezk; TM Alanazi, "Abordagem recente do algoritmo de investigação baseado em forense para otimizar MPPT baseado em PID de ordem fracionária com célula de combustível de membrana de troca de prótons", em IEEE Access, vol. 9, pp. 18974-18992, 2021, doi: 10.1109/ACCESS.2021.3054552.

[74] M. Aly; H. Rezk, "Um método MPPT lógico difuso otimizado baseado em evolução diferencial para melhorar a extração máxima de energia das células de combustível de membrana de troca de prótons", em IEEE Access, vol. 8, pp. 172219-172232, 2020, doi: 10.1109 / ACCESS.2020.3025222.

MIX
Papier aus verantwortungsvollen Quellen
Paper from responsible sources
FSC® C105338

Printed by Books on Demand GmbH, Norderstedt / Germany